逻辑创新思维法

Logical Creative Thinking Methods

无须头脑风暴的创新工具

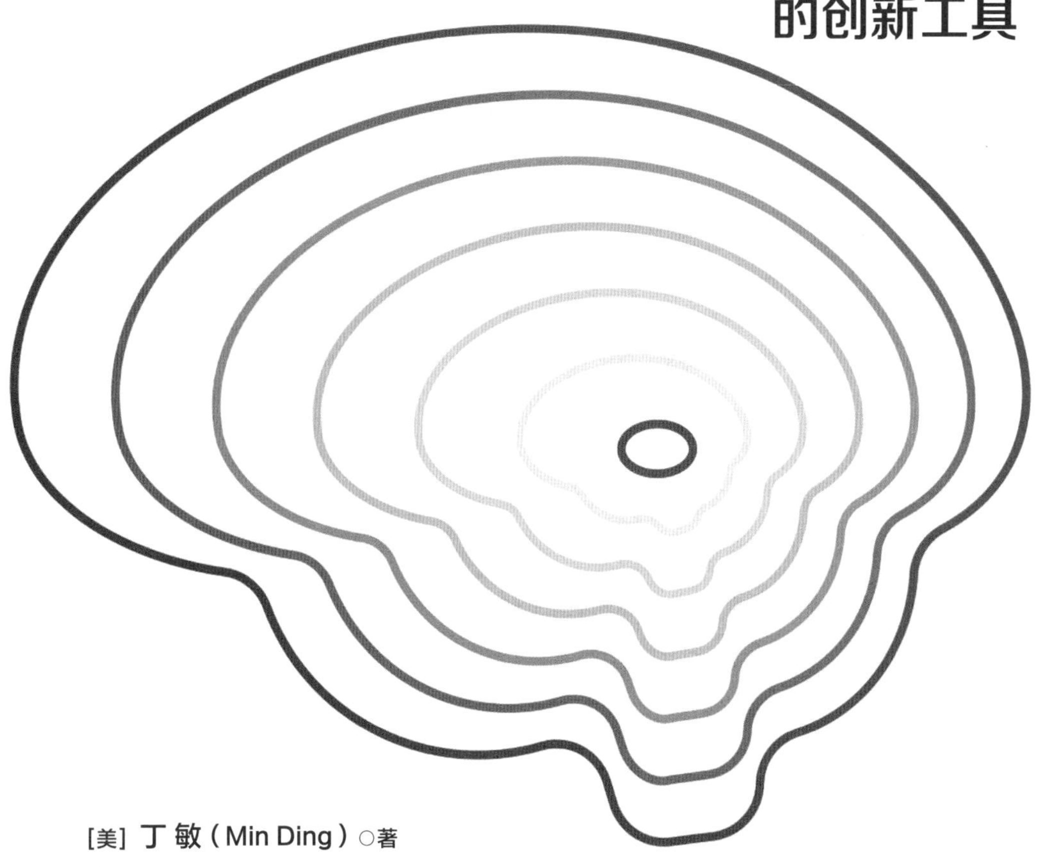

[美] 丁敏（Min Ding）◎著

肖莉 徐婕 ◎译

机械工业出版社
CHINA MACHINE PRESS

图书在版编目（CIP）数据

逻辑创新思维法：无须头脑风暴的创新工具 /（美）丁敏著；肖莉，徐婕译 . —北京：机械工业出版社，2023.3

书名原文：Logical Creative Thinking Methods

ISBN 978-7-111-72826-9

I. ①逻…　II. ①丁… ②肖… ③徐…　III. ①逻辑思维　IV. ① B804.1

中国国家版本馆 CIP 数据核字（2023）第 070698 号

机械工业出版社（北京市百万庄大街 22 号　邮政编码 100037）
策划编辑：刘　静　　　　责任编辑：刘　静　王　芳
责任校对：王荣庆　卢志坚　　责任印制：郜　敏
北京瑞禾彩色印刷有限公司印刷
2023 年 6 月第 1 版第 1 次印刷
170mm × 230mm · 20.75 印张 · 1 插页 · 211 千字
标准书号：ISBN 978-7-111-72826-9
定价：99.00 元

电话服务	网络服务
客服电话：010-88361066	机　工　官　网：www.cmpbook.com
010-88379833	机　工　官　博：weibo.com/cmp1952
010-68326294	金　　书　　网：www.golden-book.com
封底无防伪标均为盗版	机工教育服务网：www.cmpedu.com

谨以本书

献给我们每个人心中都有的瓦肯（Vulcan）

以及

我的妻子卢洪，感谢你的信任和包容，

大女儿露佳，愿你的未来更加美好，

儿子露俊，愿你在寻找最终答案的过程中充满力量，获得成功，

小女儿露倩，愿你的人生精彩，创意满满。

前　言

本书通过全新且系统化的框架，将过程与结果分离，富有启发性地将创意的过程转化为一项任务，而且这项任务是任何讲逻辑、有学习决心的人都可以胜任并能很好地完成的。

在竞争激烈的市场环境中，所有公司都必须不断创新，才能持续为股东创造价值。而创新所面临的主要挑战是创意，即想出有价值的点子，但大家通常认为只有那些天生具有创造力的人才有能力产生创意。本书证明了任何人只要采用特定的逻辑过程，都可以产生有价值的创意成果，并不需要天生的创造力。为了帮助读者掌握和应用这些方法，本书介绍了来自众多领域的创新实例，并阐述了这些创新可通过特定的逻辑创新思维（Logical Creative Thinking，LCT）方法来进行解释和实现。本书中提供练习题（以及 lct.institute 网站上的补充材料），供读者练习如何应用这些 LCT 方法来解决现实生活中的创新问题。

本书适合创新、创意以及新产品开发等课程的高年级本科生和研究生学习和使用，他们会喜欢本书中的做法：将神秘的创意过程解构为可通过一系列严谨明晰的方法来解决的任务。

本书作者丁敏教授，是美国宾夕法尼亚州州立大学（以下简称美国宾州州立大学）斯米尔商学院的巴德讲席教授，同时也是该校信息科学与技术学院的客座教授。丁敏教授在美国宾夕法尼亚大学沃顿商学院获得市场营销学博士学位，在美国俄亥俄州立大学获得分子、细胞和发育生物学博士学位。

目　录

第一部分

核心理念

这个部分是全书的基础。第1章介绍了LCT的理论架构。随后两章介绍了LCT的准则，其中第2章阐述了创新者（在本书中也称为勘探家）所需具备的特征，第3章描述了创新的过程（在本书中也称为搜索过程）。第4章介绍了在实践中使用LCT方法的通用过程。第5章对本书中将要详细介绍的LCT方法进行了总结。最后，第6章介绍了应用LCT方法所需的前期准备工作。

第 1 章 引言

本章是全书内容的简介，主要讲述创新的起源，阐述创新是一门科学学科的基本观点，定义 LCT 的概念，并指出 LCT 方法的应用范畴。本章的最后简要介绍了 LCT 方法与其他思维工具之间的关联。

创新的起源

在我们生活的宇宙中，第一个创新是氢原子的产生，发生在宇宙大爆炸后约 377 000 年，大约距现在 138 亿年。宇宙大爆炸发生约 4 亿年后，距现在大约 134 亿年，恒星形成后开始产生质量较重的原子（包括铁原子）。而当更大的恒星到达生命周期的尽头从而爆炸时，产生了更重的原子比如稀有的金原子和银原子等。这些过程自然地创造了一组共 94 个原子元素[㊀]。我们今天观察到的所有物质实体，包括人的身体，都是由这些元素中的原子组合而成的。

时间快速来到大约 260 万年前的旧石器时代，人类的第一个创新就是石制工具。古人仔细打磨石头的边缘，磨得薄而锋利，制造出非常有效的切割工具。古人一直使用这种工具，并做了一些改进，直至中石器时代，距现在大约 5 万～ 30 万年。在此期间，古人开始将锋利的石头或骨头附着在长矛或飞镖上，用以捕捉快速移动的动物（例如鸟类）和危险的动物（例如猛犸象）。此时，他们还发明了其他细石工具，例如用于捕鱼的工具。在后石器时代，人类开始开发更复杂的工具，包括用骨头和象牙针来缝制紧密合身的衣物以保暖，用陶器烹饪和储存，以及制作一些简单的农具。鉴于石器时代的创新数量不多，考古学家很容易就能推断出每种工具是如何在先前工具的基础上改进，为了特定的任务而创造出来的。

石器时代结束后短短的几千年中，创新的数量及其复杂程度

㊀ 元素周期表中有 118 种元素，但其中仅有 94 种被认为存在于地球自然界，95 号以上的元素只能靠人工合成。——译者注

呈指数级增长。就向外探索而言，人们已经发明了前往探索月球（未来还可能探索其他星球）的工具，以解开宇宙如何形成的终极谜题。就向内探索而言，尽管现代计算机在几十年前才被发明出来，但已被用来进行无数令人震惊的创新，用以探索人类本源的奥义。在全球企业家和科学家的支持下，人们正致力于将科幻小说中的情境转变成现实，人类创新达到新的高度。

通过追溯创新的历史，无论是源于氢原子的物质层面的创新，还是源于锋利石器的人类层面的创新，都可以得出以下几个明确的结论：①初始的创新非常简单。②每个创新都是建立在以前创新的基础上的。③所有的创新都基于逻辑（科学）的结果。如果回过头来看一个创新，往往它看起来是非常简单且必然的。④现有创新数量迅速增长，创新的速度正在加快，对于那些有志于做出重大创新的创新者，这些都是好消息。

法国哲学家勒内·笛卡尔（René Descartes）有句名言："我思故我在。"[1]这句话说明人怀疑自己存在的行为本身就是证明自己思想存在的证据。这句话应用于创新情境下就是：我创新故我活。在历史进程中，人类之所以能走到今天，就是由于大大小小的创新。因此，毫不夸张地说，真正活着的人是那些在工作、生活中努力创新的人。

创新是一门科学学科

在业界和学术界，许多人认为创造力是不可教授的，但创意的过程是可以通过诸如头脑风暴之类的活动来促进产生的。还有一些人则认为，一些工具或方法有助于某些领域的创新，例如广泛应用于工程领域的发明问题解决理论（Theory of Inventive Problem Solving，TRIZ[㊀]）。本书的理念更偏向后者，但探讨会更加深入。具体来说，我认为创新（泛指任何新事物的创造，无论是在物质领域还是在思想领域）应该被视为一门科学学科，是一门可与自然科学和社会科学并列的基础科学学科。创新学科的工作将最终揭示公理、定理、推论、命题和猜测的系统，它们都基于第一原理，并从自然和人类创造的已有创新中抽象地得出规律。其中一些规律是确定性的（即可进行模型解析得出封闭解），尤其是那些与在特定条件下可能产生的创新的数量相关的规律；然而其他一些规律则是概率性的，尤其是那些与一个或一组创新的（期望）价值相关的。

本书致力于为实践者提供一个创新学科思想的实用操作版本。读者需要注意：书中所探讨的方法并不是随意提出的，而是有基本定理、推论、命题和猜测作为理论基础的，虽然这些理论在书中并未明确深入探讨。

LCT 的定义

我写作这本创新学科思想的实操图书，主要想达成如图 1-1

㊀ TRIZ 是“发明问题解决理论”的俄语缩写，由苏联发明家阿奇舒勒（Genrich Altshuller）创立，详见本章“LCT 方法与其他思维工具之间的关联”一节。——译者注

所示的三个目标。首先，它能切实帮助实践者解决工作中实际存在且重要的问题。其次，本书所涉及的概念必须简单易学，不需要特殊天赋或者专业学科背景，普通民众都可学习应用。最后，本书的方法能广泛用于不同场景，来自不同领域的实践者都可从中获益。

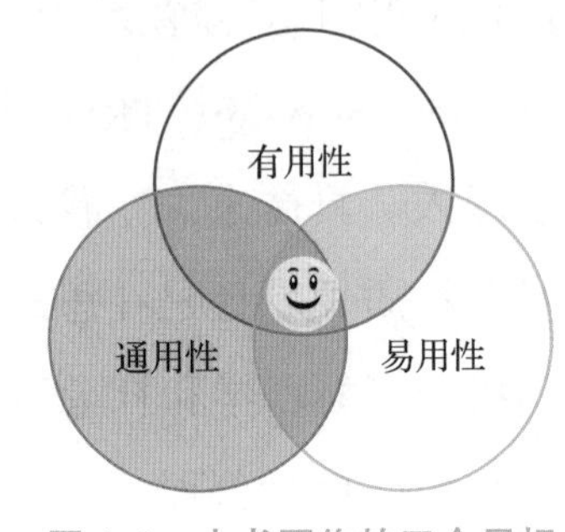

图 1-1 本书写作的三个目标

为了突出实操方法与理论基础之间的区分，本书的主要内容称作**"逻辑创新思维"**（LCT），侧重于实操方法。LCT 的定义如下：

LCT 视创新为搜索过程而不是创造过程，视创新者为勘探家而不是发明家；它通过一套自有的逻辑性的搜索方法来帮助使用者发现新的、不显而易见的、有价值的解决方案。

该名称听起来似乎自相矛盾，但这是作者有意为之的。通常而言，逻辑思维是指遵循一套固有的规则来得出"正确"结果的过程，然而创造性思维是指特意无视规则来获得意外结果的过程。在大多数情况下，这两个过程是相互对立的。但是，LCT 框架的基本假设认为，逻辑过程也可以产生令人惊喜的意外结果，而且这些结果是有价值的。这种假设是有迹可循的，以魔术为例：魔术表演使观众着迷，因为它们似乎创造了不可能的奇迹，其实每个魔术都是通过遵循一系列设计精妙且合理的步骤来执行的。就像魔术一样，LCT 旨在遵循一套可学习、可掌握及可通用操作的逻辑过程，来产生新的、不显而易见的、有价值的成果。

基于创新是严格的科学学科这一基本观点，LCT重新定义了创新的两个关键组成部分：创新被视为搜索过程；创新者被视为勘探家。

将创新视为搜索过程，对个人如何进行创新具有重大指导意义。首先，这传达了一个观点，即每个在未来会被“发明”的创新在理论上早已存在（即具备理论可行性），只不过尚未被人发现而已。其次，这意味着创新的任务是采用高效、基于逻辑的搜索方法，在这个巨大的理论空间里找到有价值的方案的。最后，这意味着创新的不确定性不在于能否创造出什么，而在于能否在其他人之前找到那些已经存在且有价值的解决方案，是一种完全不同的不确定性。从这个角度来看，创新的核心是一个逻辑过程，而不是非结构化、不可复制的过程。

因此，通过搜索来进行创新的人不应被视为发明家，而应被视为勘探家，就像那些搜寻石油、矿藏的勘探人员，或是那些在丛林和海洋中搜寻宝藏和遗迹的寻宝者一样。重新定义创新者的角色至关重要，因为这将会鼓励更多的人参与到创新过程中来并学习如何改进这个过程。首先，与创新者的传统定义不同，在新定义下，任何人都可以成为创新者，因为成为创新者只需要冒险进入某一未知领域并开始搜索有价值的东西。这也正是历史上的淘金热会吸引很多缺乏相关经验的人参与的原因——大多数人认为，只要他们辛勤工作，并愿意承担其他人可能更早找到金子的风险，他们就能有所得。其次，新定义还意味着创新能力可通过系统学习来提升。就像大学里勘探专业的大学

生或研究生一样，使用 LCT 方法的勘探家将能够（并有望）系统地学习和提升创新能力。如图 1-2 所示，通过使用 LCT 方法，预计一些人（例如公司的员工）产出创新的数量将大幅增加，同时那些可以产出大量有价值创新的创新者人数也将大幅增加。但是，每个人从 LCT 方法中获得的益处也不尽相同，只有小部分人会成为超级创新者。

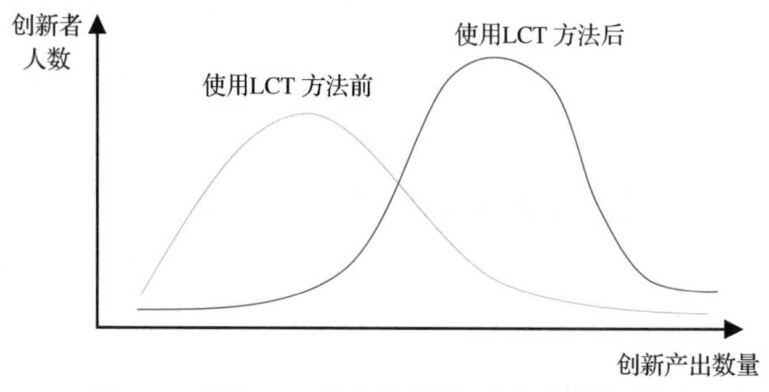

图 1-2 使用 LCT 方法前后创新产出数量的对比

值得注意的是，LCT 方法可以并且应该同时用作进攻和防御策略。作为进攻策略时，LCT 方法可用于改进现有解决方案或创建新的解决方案，通过实施解决方案来创造价值。而作为防御策略时，LCT 方法可用于预测竞争对手可能会做的创新，同时人们据此可以预测技术、偏好、社会制度甚至文化的长期发展趋势，并制订相应的战略计划。

跟其他探索活动一样，LCT 方法旨在发现哪里可能存在有价值的解决方案，但还需要很多后续具体实施工作，才能真正创造价值。LCT 方法是创新的第一步。它可以帮助识别可能的创新方向，但要最终创造价值还需更多具体工作，例如概念的丰富和细化、概念筛选、原型制作、市场测试、定位和发布等。有兴趣的读者可参考相关资料，以获取有关这些工作的具体指导。

LCT 的应用范畴

作为一个通用、应用广泛的工具集，LCT 方法可在很多领域中用以发现新的、不显而易见的、有价值的想法。这些领域涵盖商业、艺术、科学 / 学术研究、政治（及政治竞选）、工程、建筑、体育竞技、军事、政府和社会政策，甚至个人和家庭生活等。我相信 LCT 方法还可与算法结合，使得机器人也更具创造力。

最初通过 LCT 方法受益最多的领域可能是商业和艺术，这么说并不是因为这两个领域较其他领域更重要，而是因为这两个领域每年产出的创新数量很多。受篇幅的限制，本书中大多数例子都来自商业领域，还有一些来自艺术和自然领域，极少数来自其他领域。现将 LCT 方法所适用的商业和艺术子领域归纳如下：

在商业领域中，LCT 方法不但可用于产品和服务创新，还可用于其他所有相关商业职能。它可用于开发新的商业模式，使创新成为整个企业的核心竞争力。即便 LCT 方法只用于某一特定子领域（例如定价或渠道）的创新，也可能对整体业务产生非常重要的影响，从而成就新的商业模式。在战略层面上，LCT 方法可用于新细分市场的识别、品牌的开发和定位、新业务的开发（例如交叉销售），甚至客户规范的重塑[2]。在战术层面上，LCT 方法可用于渠道设计、价值定位、定价模型、产品服务、包装、沟通（例如广告或代言等）、促销、客户关系（忠诚度计划）管理等。LCT 方法还可用于企业的组织结构、运营的开发和管理实践。

在本书中，艺术领域包括视觉、听觉及文本等多种形式，涵盖绘画、雕塑、摄影、影视、戏剧、器乐、歌曲、诗歌、小说等子领域。在如此众多的艺术子领域中，LCT 方法可用于设计情节和故事，创建（某个艺术家的）独特风格，以及创作角色等。

LCT 方法与其他思维工具之间的关联

LCT 方法本身就是创新的结果，它找到了一套全面且有用的工具，可广泛用于不同领域中。遵循创新是一门科学学科的主张，读者可能以为 LCT 方法是某个传统（已“发现”）创新方法的延伸，但其实在 LCT 方法的开发过程中，我刻意避免去研究其他创新方法，坚持基于第一原理（即诸如生物和化学等基础科学学科中确认的创新逻辑）来设计 LCT 方法。然而多年的教学和实践经验也让我意识到，把 LCT 方法与一些经典思维工具相关联，将有助于读者更好地理解 LCT 方法。这些经典思维工具包括试错法、头脑风暴法、发明问题解决理论（TRIZ）、水平（横向）思考法和系统创新思维法（Systematic Inventive Thinking，SIT）。

与试错法相比，LCT 方法并不鼓励试错，除非有合理的逻辑指导要这么做；与头脑风暴法相比，LCT 方法采取了与之相反（即更系统化、基于逻辑）的途径来进行创新。TRIZ 是 20 世纪70年代苏联科学家根里奇·阿奇舒勒提出的，它对LCT方法的开发有重大影响。与TRIZ只适用于工程领域的原理方法不同，LCT方法着眼更为宏观，认为创新具有规律，创新的原理可以从数百万量级的专利库中大规模抽象地得出。TRIZ几乎完全是为工程创新而量身设计的，因而受限于工程创新专利的规则。水平（横向）思考法和系统创新思维法（SIT）都包含各自的一套小型思维工具集，这些思维工具设计的初衷是易于使用，而非普适。它们与LCT方法在思想传承上有一定的类似性。水平（横向）思考法这个名称是爱德华·德·博诺（Edward de Bono）在1967年提出的，他提出可借助六顶思考帽来促进创新思考过程。系统创新思维法是TRIZ的“直系后代”，它是由阿奇舒勒的一个学生吉纳迪·费尔科夫斯基（Ginadi Filkovsky）——他在20世纪70年代移民到以色列，与其博士生雅各布·戈登伯格（Jacob Goldenberg）和罗妮·霍洛维茨（Roni Horowitz）合作开发设计的。系统创新思维法是TRIZ在商业应用上的进阶版，更适用于商业环境，并包含五个思考工具[3]。

这些创新工具（包括LCT方法）并不相斥，而是互有重合之处。这并不奇怪，因为它们都以服务于探寻创新理论基础为共同目标。一个工具在某个系统中可能作为独立方法被使用，但在另一个系统中可能只是某个方法的一个组成部分。这些工具在不同系统中可能名称不尽相同，用法也略有差异——即便它们的使用逻辑相同。

同样，一些创新工具可能更适用于某些特定领域（TRIZ更适

用于工程领域的创新）。此外，不同的创新者也可能根据他们以往的创新经验或个人偏好而青睐不同的创新工具。但如果不同创新工具产出的创新质量相当，那么勘探家（即创新者）不应该固执地使用某个工具而弃用其他工具。

除了工具和所属流派之间的差异，LCT 方法与传统创新思维工具的不同之处还在于，LCT 方法的开发和设计主要基于第一原理，而不是归纳法，LCT 方法是从自然科学学科（特别是生物和化学）创新的基本逻辑出发的。然而，随着创新这门科学学科在理论方面的发展，LCT 方法也会不断发生变化，在未来不断丰富完善。

注 释

1. 勒内·笛卡尔（René Descartes）所著《哲学原理》[J. 维奇（J. Veitch）2014 年译本]，CreateSpace Independent Publishing Platform 出版（原书于 1644 年出版）。

2. 客户规范可以是客户层面（例如购买使用行为）的，也可以是解决方案层面（例如，哪些材料可用或不可用，产品设计、标准和制造流程）的。革新或者替代旧有规范通常是为了创造一个有回报的市场和/或竞争优势，并为公司创造价值，与一个或多个产品类别相关。

3. 2015 年，时任阿里森商学院（Arison School of Business at IDC Herzliya）营销学教授、哥伦比亚商学院（Columbia Business School）访问教授的雅各布·戈登伯格与我分享了他用来教授 SIT 课程的幻灯片。看到他如何教授这五个思考工具，使学生轻松理解和使用，我真是大开眼界。

第 2 章

优秀勘探家准则

LCT 的核心概念之一是将创新者或发明家重新定义为勘探家。在本章中，我将讨论如何运用一套准则来训练人们成为优秀多产的勘探家。

准则一：勘探家有很强的动力。

准则二：勘探家有梦想。

准则三：勘探家走自己的路。

准则四：勘探家不受规则约束。

准则五：勘探家有很强的观察力。

准则六：勘探家乐观、有耐心。

前两条准则侧重于探讨勘探家的志向，接下来的两条准则侧重于探讨勘探家如何做决定，最后两条准则侧重于探讨勘探家如何参与创新过程。对于每条准则，我都会提供一些练习题，供感兴趣的读者进行练习，以提高应用该条准则的相关能力。

准则一：勘探家有很强的动力

优秀的勘探家是（或者应该是）充满动力的。许多外部动机，例如物质奖励、声誉、地位或仅仅是获取生活必需品，都能促使他们进行创新。然而，真正伟大的创新通常源于内部动机。这里的内部动机是指个人的好奇心，即想要发现未知事物、理解缘由并提出疑问的内在渴望。

2018 年，我去了美国哈佛大学天文学教授查尔斯·阿尔科克（Charles Alcock）在上海的演讲现场，查尔斯·阿尔科克是哈佛大学哈佛 - 史密森尼天体物理学中心主任。在问答环节中，一位听众问他："在可预见的未来时间内，人类不可能踏足可居住的系外行星，但即便如此，你为什么仍要在职业生涯的下一个十年中致力于探测可居住系外行星？"阿尔科克教授的回答颇为简单："我只是好奇。"他紧接着介绍说其实不止他一人，有一群人都和他一样对探测可居住系外行星充满好奇。他的回答突出了内部动机在追求新知识和创新过程中的重要性。如果创新者的动机完全来源于外部因素，那么他们就不会有足够的动力去追求那些高风险、高回报类型的创新。当缺乏强大的外部动机支撑时，创新者的内在好奇心将发挥关键作用。这种内部动机曾激励人类进行许多创新，也许这些创新的决定在当时看似并不合理，但在很多年后却被证实对人类社会发展至关重要。

练习题：培养好奇心

任务：

- 找一个你熟悉但以前没有关注过其原理的东西（事情）。
- 研究它的工作原理，去了解它到底是如何做到它能做的事情的（可以问人，查资料，观察，等等）。

挑选标准：

- 它是一个你以前没有关注过的东西（事情），但不必是重要的。
- 现在想起来对它的工作原理（即它如何做到它能做的事情）感觉好奇。
- 你应该有能力去理解它的工作原理。
- 不违背社会伦理道德，不犯法。

例如：

- 组合锁。

准则二：勘探家有梦想

优秀的勘探家（应该）有远大的梦想，并一直致力于寻找重大发现。无论从事哪种职业，我们大多数人都在生活中扮演消防员的角色：我们将大部分时间用于解决紧急问题，但这些紧急问题大多并不重要。结果，我们常常变成严重短视的人。

一个优秀的勘探家会注意避免掉入这个陷阱。有一句名言对本条准则进行了很好的诠释："让梦想引领你，而不是让麻烦逼迫你。"这句名言常常被错认是美国散文家爱默生说的。另一位白手起家的成功商人及慈善家威廉・克莱门特・斯通（William Clement Stone）也说过类似的话："永远瞄准月亮；即便没有达到，你也将置身群星之中。"约翰・列侬（John Lennon）在他的歌曲《想象》（*Imagination*）中唱道："也许你会说我是在痴人说梦，但有此愿景的不止我一人；我希望有一天你会加入我们，那这个世界将会合而为一。"

练习题：敢于梦想

任务：

- 写下你的一个（人生）梦想。

挑选标准：

- 你曾经想过的。
- 追求它会让你非常激动。
- 目标大（不常见）到会被许多人嘲笑（因为他们认为实现的可能性非常小）。
- 不违背社会伦理道德，不犯法。

例如：

- 你想活到 300 岁。

准则三：勘探家走自己的路

优秀的勘探家（应该）规划自己的路线，不必去理会别人对最佳前进路线的看法。当野外群居动物中有一只开始奔跑或飞行时，整个动物群很可能会随之而动。以群居的斑马为例，当群中少数斑马决定跑动时，其他斑马也会跟着一起跑。可以从进化论的角度来解释这种行为的逻辑：在进化过程中，那些打算观望一下看到底发生了什么再决定是否跟随奔跑的斑马很可能被落在后面，最终成了捕食者的猎物，因此那些“等待观望”的基因在整个进化过程中已经大量丢失了。人类也保留了同样的进化优势行为。人们总是喜欢跟随别人（尤其是大众）的行为，而他们这样的行为决策通常基于一个常见的论断：如果大家都认为这是一个好主意，它怎么会错呢？

许多成功人士勇于突破传统智慧，敢于走自己的路。正如苹果公司创始人史蒂夫·乔布斯（Steve Jobs）在 2005 年斯坦福大学毕业典礼演讲中所说：“你的时间有限，所以不要为别人而活。不要被教条所束缚，不要活在别人的观念里。不要让别人的意见左右你内心的声音。”著名歌手弗兰克·辛纳屈（Frank Sinatra）在歌曲《我的路》（*My Way*）中自豪地宣称：“我度过了充实的一生……我拟定每段路线，谨慎地跨过每一步；而更重要的是，我走自己的路。”为了向《我的路》这首歌致敬，邦·乔维（Bon Jovi）后来写了一首歌《这是我的人生》（*It's My Life*），呼应了这种情感：“这是我的人生；把握现在，机会稍纵即逝；我不会长

生不死；我只想在有生之年认真生活。”美国投资商兼作家霍华德·马克斯（Howard Marks）说得更为直白：“很多由聪明人开始做起的事情到最后都只有愚人才去做。”尽管这句话主要是讲投资选择的，但它同样适用于其他高回报类型的决策。

选择走自己路的人，他们之间存在共性。这些共性包括但不限于：不做别人在做的事；做别人没有做过而且以后也不会做的事；做标新立异的事；做不听老人言（例如业内专家建议）的事；做不灵活的事（固执己见，不跟风）。规划自己的人生并非易事，因此请记住这句名言：“他们先是无视你，再来是嘲笑你，接着他们与你斗争，最后你赢了。”这句名言常被误认为是圣雄甘地所说，它对你会很有帮助。

练习题：独行（走自己的路）

任务：

- 做一件因为不合常理所以你以前一直没做过的事情。

挑选标准：

- 是你真心想做的。
- 是以前因为顾虑别人的看法，或是因为自我约束，而没有做的。
- 不违背社会伦理道德，不犯法。

例如：

- 表达你对某件事的真实且和主流观点不一致的看法。

准则四：勘探家不受规则约束

优秀的勘探家不会（不应该）受到生活中假设（规则）的约束。人们通常在日常生活中会做出两类假设，而且往往是下意识的行为。一类是先天隐含假设，它们是在进化过程中形成的。例如，我们的眼睛捕捉到图像的像素，而我们的大脑能够使用先天隐含假设来判断这些像素代表什么（例如人脸）。虽然先天隐含假设有利于人类生存，但有时也可能会造成误解或导致错误决定，可参看网络上流传的很多视错觉的例子。因此，清楚了解这些先天隐含假设，并合理评估它们在不同环境下的适用性，对勘探家来说至关重要。另一类是后天隐含假设，它们是我们在生活中习得的（例如我们不应该信任陌生人、清澈的水是干净的、明天是今天的延续）。这些后天隐含假设通常会启发产生更好的结果。同样，勘探家也应该清楚地了解这些后天隐含假设，并合理评估它们在不同环境下的适用性。很多时候，后天隐含假设可能会阻碍人们发现新的解决方案。著名的九点问题就是个很好的例证，即如何画 4 条首尾相连的直线来连接 3 × 3 正方形排列中的所有 9 个节点。大部分人都觉得这个问题很难解决——如果他们假设 4 条线都必须画在 3 × 3 正方形排列之内的话，一旦他们意识到直线可以画在 3 × 3 正方形排列之外，可以将 3 × 3 正方形排列想象为 4 × 4 正方形排列的一部分，该问题就变得很容易解决了。

勘探家应学会如何挑战假设（规则）。一些行之有效的方法包括：任何你认为正确的（想当然的）都可能是错误的；任何你认

为错误的都可能是正确的；任何你认为存在的因果关系都可能是不存在的；任何你现在认真遵守的规则也许是不需要遵守的（先不谈道德）；内行的观点有可能没有外行的好；不用向别人证明你有多么聪明，这样做会得不偿失。

提高挑战假设（规则）的能力包括定期养成新习惯，或是改变现有习惯。相关练习有助于保持大脑灵活性，克服惯性思维，以增强你做非常规事情的能力和信心，并养成积极改变习惯的好习惯！

练习题：改变习惯

任务：

- 改变一个现有习惯或培养一个新习惯。

挑选标准：

- 这个习惯很难改变或者不易养成（要改变的现有习惯必须是根深蒂固的，或者新的习惯和你现有的习惯必须是相悖的）。
- 不违背社会伦理道德，不犯法。

例如：

- 假设你现在每天花至少四个小时看手机，试试看每天看手机的时间不超过一个小时。

准则五：勘探家有很强的观察力

优秀的勘探家（应该）具有洞察力，并且能够从其他人可能会忽略的细节中识别有用信息。世界推理小说史上最著名的一个侦探角色——夏洛克·福尔摩斯（Sherlock Holmes）正是体现这一准则的绝佳典范。观察力不易获取，但勘探家可以通过实践不断提升这一能力，因为信奉这一准则并不需要违背其现有的习惯、喜好或价值观。

信奉这一准则能极为有效地避免错失有价值的成果。进行勘探时，某个区域是否值得勘探并不总是显而易见的。勘探家必须密切关注各种细节，以此来合理评估勘探活动的潜在价值。许多创新乍一看也许并没有太大实用价值，而且很多时候一项创新的最初版本会存在许多缺点，很可能因此被直接否决，但优秀的勘探家必须能够从负面（或中性）反馈中识别出该创新的潜在价值，否则就会很容易将未经雕琢的钻石错误丢弃。

练习题：提升观察力

任务：

- 拍一张有故事的照片。

挑选标准：

- 你自己亲手拍的照片。
- 别人能从你的照片里看到一个（深层的）故事。
- 不违背社会伦理道德，不犯法。

例如：

- 拍一张人物照，使观者可以从照片中推测出此人的一些生活特征。

准则六：勘探家乐观、有耐心

优秀的勘探家通常乐观、有耐心，或者至少应该如此。由于勘探活动具有极大不确定性，勘探家必须清楚意识到他们可能需要尝试许多方案，而成功只是个小概率事件（即大量的尝试中仅会产出少量成功案例）。优秀的勘探家愿意探索许多未知领域，仔细评估，即使经历多次失败也仍然保持乐观。托马斯·爱迪生（Thomas Edison）曾经说过："我并没有失败。我只是发现了 10 000 种行不通的方法而已。"

即使面临多次失败，勘探家也要继续保持耐心、乐观的心态，勘探家要牢记："许多我们今天认为理所当然的事情在不久前对大多数人来说都是难以想象的。"㊀

练习题：乐观、有耐心

任务：

- 找一件当下生活中的烦心事（不顺心的事情），看看是否可以用理性的方法来减轻烦恼。
- 尝试几种常用的方法：看得更大、更远（时间、空间、人）；努力找出一丝益处（塞翁失马）；找内在原因（为什么对这件事感到烦恼）。

㊀ 这句话是美国电影《星际迷航》中让 – 卢克·皮卡德（Jean-Luc Picard）舰长说的话。——译者注

挑选标准：

- 是一件让你非常烦恼的事情。
- 不违背社会伦理道德，不犯法。

例如：

- 你的伴侣或儿女不听你的忠告。

第 3 章

智慧搜索准则

LCT 方法的另一个核心概念是将发明或创新重新定义为搜索过程。在本章中，我将阐述如何通过扩展第 2 章中介绍的一系列准则来进行智慧搜索。

准则七：搜索可以是目标式或开放式的。

准则八：搜索是有逻辑的。

准则九：搜索是全面、高效的。

准则十：搜索有严格的停止规则。

准则七：搜索可以是目标式或开放式的

智慧搜索既可以是目标式搜索（即搜索特定的事物），也可以是开放式搜索（即探索新领域，希望找到有价值的事物）。目标式搜索也被称作“先功能再形式”，这是美国建筑师路易斯·沙利文（Louis Sullivan）提出的[1]。目标式搜索从特定需求或目标出发，致力于找到满足该需求或实现该目标的方案。开放式探索被称为“先形式再功能”，这是认知心理学家罗纳德·芬克（Ronald Finke）等学者提出的一个专业术语。开放式搜索先找到一个方案，然后评估该方案是否可用于满足某个需求。

准则八：搜索是有逻辑的

智慧搜索是有逻辑的，因为它是一门科学学科，并且与其他科学学科相互交叉、融合。根据科学学科的定义，智慧搜索方法必须是可学习的，而且结果必须是可复制的。

LCT 方法是基于一些自然科学学科的核心原理建立的。数学和物理学为“创新是一个搜索过程”这一观点提供理论基石。这两个基础学科的科学家从不会声称要“创造”什么；他们的工作主要是探索发现，他们致力于探索发现宇宙中那些人类尚不清楚的数学和物理学定律。LCT 方法也是一门科学学科，跟其他科学学科并没有什么不同。搜索的过程揭示了 LCT 方法的定律，这些定律可能已被发现或尚未被发现过，而创新只不过是运用这些定

律探索时获得的新发现而已。

更具体而言，LCT 方法参考了化学、生物学和数学学科的基本原理，并在此基础上开发出一套创新方法。化学认为世间万物都由原子构成。通常不同类型和不同数量的原子结合形成不同分子，所有分子都是由原子间（或原子和分子间）某些特殊反应而生成的，不同分子相互作用并组合进而形成世间万物。尽管自然界中只存在 94 种基本元素，但它们可以反应生成无数的分子，而不同分子具有不同特征。也就是说，数量极少的基本元素通过一系列化学反应生成数量庞大、特征各异的分子。这一化学基本原理为 LCT 方法的创新逻辑奠定了基础。在生物学中，基因层面上的创新通过随机事件（例如基因突变、染色体重组）产生，然后通过自然选择筛选出那些有价值的创新。地球上有记载的近 200 万个物种（也可视为创新）都是通过这一过程产生的。一些科学家估计，如果包括大量未被记载的物种，地球上可能曾经存在高达上万亿个物种，其中包括诸如人类这种高度复杂的有情感的生物。这一生物学基本原理为 LCT 方法的搜索逻辑奠定了基础。将化学和生物学方法与 LCT 通用方法关联起来的另一种视角是将自然科学学科的创新视作三层结构：小分子（无机化学反应），大分子（碳基生物）和系统（细胞结构、人的身体、生态系统、无机系统等）。

数学中的一些原理也给 LCT 方法的发展提供了启发。数学包括多种运算，例如最简单的一元运算（求负数、乘方、开方等）和二元运算（加、减、乘、除等）。每次数学运算都会由某些输入生成输出，而输出本质上就是创新。LCT 方法也将数学运算的思想融入其创新逻辑（方法）。

对任何科学学科而言，创新的能力必须是可通过学习获得的，如何使用工具来进行创新也必须是可被教授的。LCT 的各种方法都是可习得的，并且有效使用这些方法进行创新的能力也是可习得的。为了使用 LCT 方法，勘探家（创新者）必须锻炼以下核心能力：分解能力，即将现有方案分解为不同模块的能力；抽象能力，即运用更加通用的概念来描述某一特定方案（或其组成部分）的能力；归纳能力，即从众多方案中提取出共同点的能力；推断能力，即用已知数据推断未知可能性的能力；按步骤执行能力，即按照说明一步步精准操作的能力；评估能力，即评估新方案价值的能力。然而，使用 LCT 方法并不需要天生的创造力（不管如何定义或测量），也不需要偶然的发现（即灵感）。只要通过大量训练，公司里任何勤奋的员工都可以使用 LCT 方法解决许多难题。

可复制性，特别是其他人可复制，是科学学科的标志。因此，创新必须是可复制的。LCT 方法有一套工具，如果运用得当，运用这套工具得到的创新是其他人可以复制的。这里着重强调，自由思维工具尤其是头脑风暴法，并不属于 LCT 方法。广告主管亚历克斯・F. 奥斯本（Alex F. Osborn）提出了头脑风暴法[2]，以解决员工难以想出广告活动创意的问题。这个方法的原理是：数量最大化；不加以指摘；合成和改进。尽管头脑风暴法在某些情境下似乎很有用，但大量实践证明该方法在很多情境下并不奏效，因此无法成为一种通用的创新方法[3]。

准则九：搜索是全面、高效的

智慧搜索既高效又全面。它的目标是有效搜索尽可能多的方案。这个准则有两个关键目标。首先，每次搜索行为的目标都应是找到最佳解决方案，而且与此同时，某次搜索行为一旦失败，则应尽可能多地排除一些无效的搜索选项。其次，搜索行为的目标应专注于发现多个局部最优解，而不是改善某个局部最优解。图 3-1 展示了优化算法的挑战，x 轴代表所有可能的解决方案（即搜索区域），y 轴代表每个解决方案对应的价值。曲线上的每个点都代表一个解决方案及其所对应的价值。如图 3-1 所示，如果勘探家专注于小幅的改进行为，改进的过程会容易实施，但很快会达到峰值而停止搜索（黑色箭头）。实际上，这离真正的全局最优解还很远（红色箭头所指）。LCT 方法可以帮助勘探家从一个峰值（局部最优）跳到另一个峰值，尽可能地找到全局最优解。

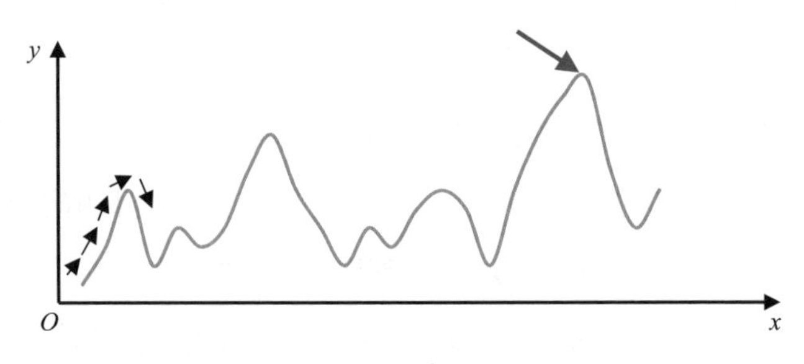

图 3-1 优化算法的挑战

准则十：搜索有严格的停止规则

智慧搜索具有严格的停止规则。当使用 LCT 方法时，停止规则需清晰定义成功（即已经成功找到好的解决方案）和失败（即不值得再花精力继续搜索某个区域）的标准。无论如何应用，LCT搜索得到的最终结果都必须是新的、不显而易见的并且有价值的。通过LCT搜索得到的新的解决方案不应该是一般人轻易就能想到的，而应该是那种如果你不告诉别人你是如何想到的，别人会非常佩服你的创新力的。此外，必须为新的解决方案的潜在价值定一个高标准，以避免困在局部最优解中。与自然界的物竞天择类似，苛刻的停止规则可能会敦促LCT方法使用者去找出更高价值的解决方案，以避免困于某局部最优解而过早停止搜索。勘探家应始终牢记，虽然LCT搜索过程是严格的，且并不需要使用者具备任何天生的创造力，但应用LCT方法得到的最终结果应该是让人惊喜、不显而易见的，是会让别人几乎认为你创造了奇迹的那种水平的。

注　释

1. 路易斯·沙利文（Sullivan, L. H.）（1896）. 高层办公建筑的美学思考（The Tall Office Building Artistically Considered）.《Lippincott 月刊》（*Lippincott's Monthly Magazine*），339（3）：403-9.

2. 亚历克斯·F. 奥斯本（Osborn, A. F.）（1948）.《你的创造力》（*Your Creative Power*）一书中第13章“如何组织一个团队来进行创意”（Chapter 13: How to Organize A Squad to Create Ideas）. Scribner出版社.

3. 加里·谢尔（Schirr, G. R.）（2012）. 有缺陷的工具：运用集体研究方法来产生顾客创意的有效性（Flawed Tools: The Efficacy of Group Research Methods to Generate Customer Ideas）.《产品创意管理期刊》（*Journal of Product Innovation Management*），29（3）：473-88.

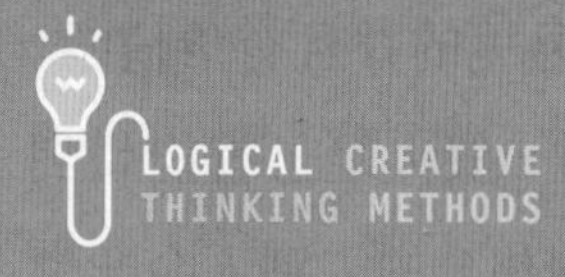

第 4 章

LCT 方法使用指南

本章介绍了在使用 LCT 方法时的一组核心使用指南：

使用指南一：起点和终点。

使用指南二：解构、要素创新和重构。

使用指南三：正向搜索。

使用指南四：反向搜索。

使用指南五：多轮搜索。

使用指南六：多对多关系。

使用指南七：根据预定规则进行筛选。

使用指南八：个人和小组形式。

使用指南九：激励机制和游戏化。

使用指南一和二与搜索前的准备工作相关；使用指南三到六与搜索过程相关；使用指南七定义了搜索活动的停止时间；使用指南八和九介绍了 LCT 方法的应用形式。

使用指南一：起点和终点

应用 LCT 方法的搜索总是始于起点（Starting Point），而起点通常被设定为目标任务的现有解决方案。在一些情况下，LCT 搜索可以始于某个能清晰界定的假设起点（例如，科幻小说中某个具体描述的概念）。LCT 方法的实践者们应该在实际应用中努力寻找多个起点，这很重要，因为每个起点都意味着从不同的地方开始搜索，而多个精心选择的起点意味着可以从不同的地方开启多条搜索路径。统计学也运用相同的逻辑来优化算法，即同一个模型会选取不同的初始值来多次重复运行，以提高找到全局最优解的概率。通过应用 LCT 方法得到的新的解决方案被称作终点（Ending Point）。应用 LCT 方法的创新过程会从起点开始，到终点结束。LCT 搜索过程最后对终点（新的解决方案）基于新的、不显而易见的、有价值的这三方面进行评估。LCT 搜索过程如图 4-1 所示，其中的红线代表某种 LCT 方法。

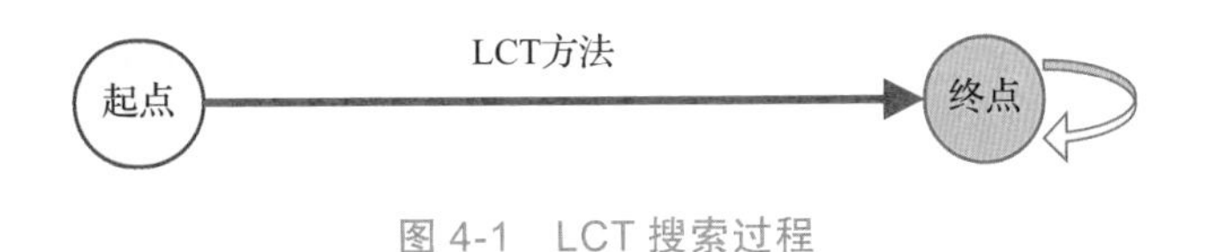

图 4-1　LCT 搜索过程

使用指南二：解构、要素创新和重构

LCT 创新通常发生在要素层面，尽管在有些情况下，它也可能发生在解决方案层面。可以使用不同的方法来解构起点以识别

不同的要素，并且勘探家应该尝试用多种方法来解构起点以扩大搜索范围。可以按照要素的功能、构成以及需求（作用）等特性来解构起点。例如，一个水壶的起点，按照需求可以将其解构为以下两个要素：①允许人在需要时能用来饮水；②能贮存水以防止水洒出或被污染。按照构成可以将其解构为以下两个要素：①有较大的密封空间；②有至少一个可以开合的壶嘴。解构不必力求详尽；它旨在给勘探家提供潜在起点的思路，是让他们能够聚焦核心要素的一种途径。而且，按照不同方法进行解构很可能会得到重复的要素。

尽管要素的数目取决于起点的性质，但根据经验最好将起点解构为 3 ～ 6 个要素。这样做的目的是确保搜索活动可行且能得到有意义的结果——因为要素会保留起点的某些特性。之后，搜索应该聚焦于那些最有望产生创新成果的核心要素上。在要素层面的搜索结束时，可以将不同要素的终点排列组合，成为解决方案层面的终点。排列组合的特性，通常会促使产生大量的解决方案。

使用指南三：正向搜索

正向搜索是 LCT 的两种搜索方法之一。它始于起点（请参见图 4-2 中的 X），通过改进，到达终点（请参见图 4-2 中的 A、B 或 C）而结束搜索，且终点的价值远高于起点。如前文所述，起点通常设为现有解决方案，甚至可能只是在理论中存在的方案，希望通过改进使其最终成为可行的解决方案。应当注意的是，起点与最终得到的新方案要解决的需求可能有关，也可能无关。但是，如果创新的目标是找到新的方案以满足现有需求，则应选取针对该需求的现有方案作为起点。

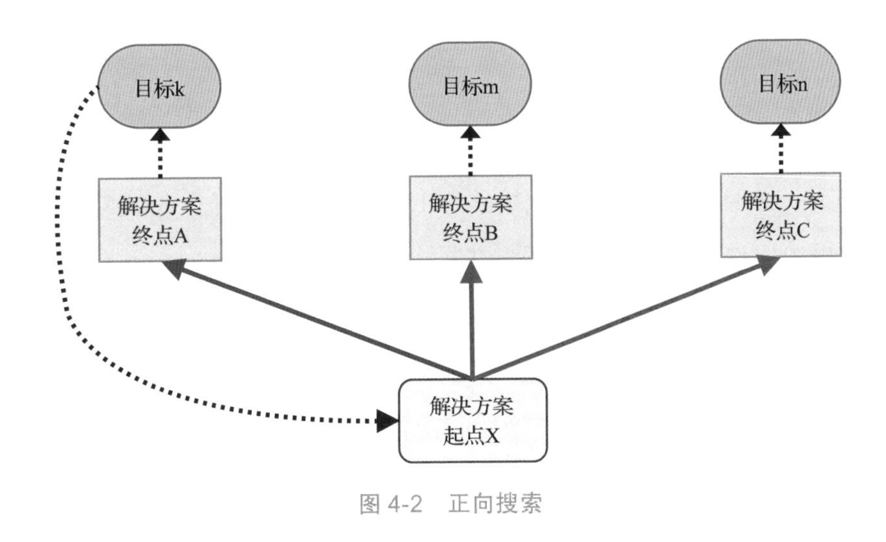

图 4-2　正向搜索

确定起点后，下一步就是使用某种 LCT 方法进行搜索。重要的是，搜索并不遵循单一路径，而是会遵循以下三种不同路径以得到多个结果：

- 从某个特定起点开始，使用某种特定 LCT 方法进行搜索，可得到多个终点（如图 4-2 中红色箭头所示）。
- 从同一起点开始，应尝试使用多种不同的 LCT 方法（如图 4-2 中的红色和蓝色箭头所示）重复搜索。
- 应尝试从不同的起点开始重复搜索。

最后一步是筛选出最有望产生创新成果的终点，这些终点的

价值将远高于起点。筛选规则详见本章使用指南七。

使用指南四：反向搜索

反向搜索是 LCT 的另一种搜索方法。反向搜索可始于一个非常成功的现有解决方案（或理论上存在且可以清晰具体描述的解决方案）。通常来说，这必须是一个非常有创意、有价值的解决方案，并且一般由其他实体（公司或个人）所拥有。在反向搜索过程中，这个成功的现有解决方案被视为起终点（Starting Ending Point）。也就是说，它有资格作为终点，因为它本身就是一个很棒的创新。虽然我们的目标并不是要改善这个终点，但是它可以用作 LCT 方法的起点来开始反向搜索过程。这个方法也适用于现有的解决方案是假设的、实际并不存在（例如科幻小说中的概念）的情境，来找到真正可行的解决方案。

下一步是逆转 LCT 过程，目的是找出：①可能的起点；②使勘探家能搜索发现这一创新的 LCT 方法。在图 4-3 中，反向搜索被应用于起终点 B，表明它可以从起点 Y 开始通过某种 LCT 方法（如图 4-3 中蓝色箭头所示）而得到，或者也可以从起点 X 开始通过其他 LCT 方法（如图 4-3 中红色箭头所示）而得到。

再接下来一步是探查除原来的起终点 B（见图 4-3）以外，通过不同起点和不同 LCT 方法还可能找到哪些其他终点。除起终点 B 之外，勘探家极有可能还能找到其他很多终点。例如，从起点 Y 开始通过蓝色箭头 LCT 方法可以找到终点 A，而从起点 X 开始通过红色箭头 LCT 方法还可以找到终点 C。找到的这些新终点就是反向搜索的结果。

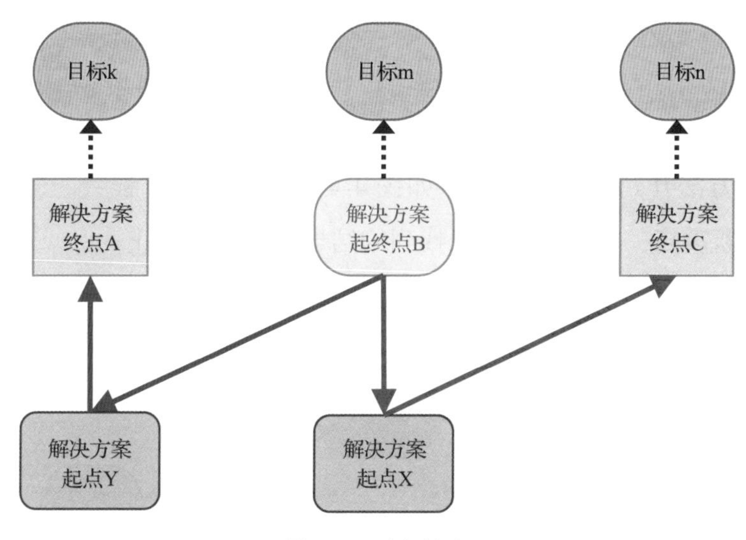

图 4-3　反向搜索

与正向搜索一样，反向搜索的结果也应基于新的、不显而易见的、有价值的这三方面进行仔细评估和筛选。

反向搜索可被看作是对逆向工程（Reverse Engineering）方法的延伸和扩展。然而，反向搜索不是单纯地复制他人的出色创新，而是更进一步通过 LCT 方法来找到新的创新。当创新的目的是不侵犯竞争对手专利、避免被视为模仿者，或者根据现有成功案例来开发新的独特的创新方案时，反向搜索尤其有用。反向搜索的目标不是对现有成功方案（起终点）进行改进，而是致力于帮助勘探家找到同样优秀甚至可能更有价值的新的方案。

使用指南五：多轮搜索

多轮搜索是指在 LCT 的实践过程中，勘探家在采用某种正向或反向搜索方法完成一轮搜索后，搜索过程并没有结束，而是继续将上一轮搜索的某个终点作为新的起点，并采用相同或不同的 LCT 方法开始下一轮搜索。如图 4-4 所示，搜索过程会一轮接一轮不断重复，直到勘探家对找到的结果感到满意为止。

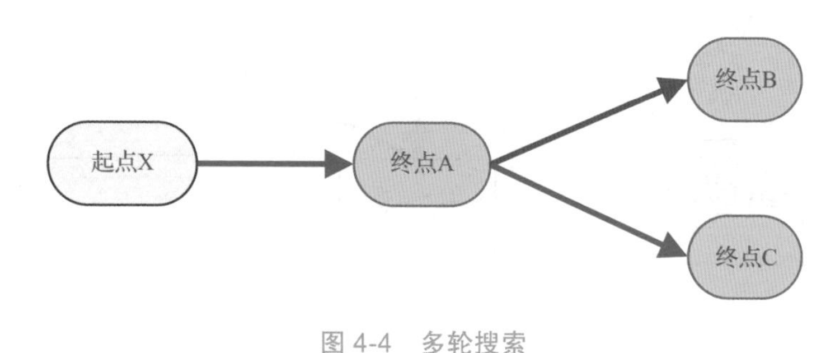

图 4-4　多轮搜索

使用指南六：多对多关系

LCT 搜索过程会形成不同起点和不同终点之间的多对多关系。首先，相同起点可以通过不同的 LCT 方法到达同一终点。如图 4-5 所示，起点 X 通过蓝色或红色箭头的 LCT 方法都可到达终点 A。其次，不同起点可以通过相同或者不同的 LCT 方法到达同一终点。如图 4-5 所示，起点 Y 和起点 Z 都可通过红色箭头的 LCT 方法到达终点 C，起点 X 通过红色箭头的 LCT 方法而起点 Y 通过蓝色箭头的 LCT 方法都可到达终点 B。最后，相同起点可以通过相同或者不同的 LCT 方法到达不同终点。如图 4-5 所示，起点 X 可通过红色箭头的 LCT 方法到达终点 A 和终点 B，而起点 Y 可通过蓝色箭头的 LCT 方法到达终点 B 或者通过红色箭头的 LCT 方法到达终点 C。本书后面章节在讨论不同 LCT 方法的应用时，会着重强调这种多对多关系。

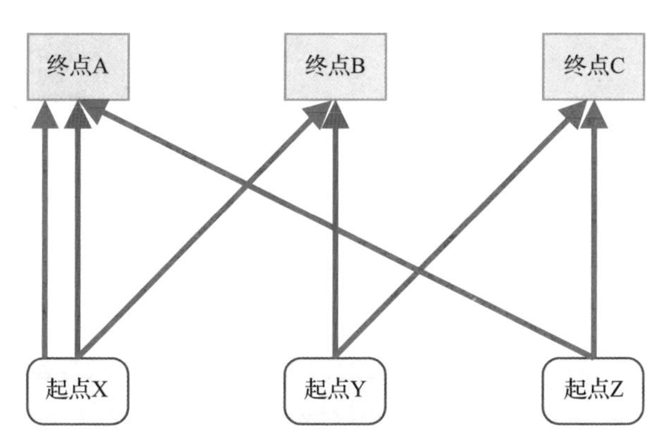

图 4-5　起点和终点之间的多对多关系

使用指南七：根据预定规则进行筛选

可以确定的是，在应用 LCT 方法的过程中会找到很多终点。但是其中大多数终点都没有太大价值，有些甚至比起点的价值还低，而除这些以外的其他少数终点则提供了相较起点而言不同程度的价值增长。LCT 实践者所面临的挑战是知道何时应该停止搜索。LCT 实践者必须在开始搜索之前就确定好停止规则，既要防止搜索过程在刚得到比起点稍好一些的解决方案时就过早结束，也要防止在已经找到足够有价值的解决方案后仍花费太多时间搜

索那些虚幻缥缈、可行性极低的解决方案。如前文所述，找到终点只是第一步；找到的这些解决方案还需要进一步具象化并通过测试，以确保最后得到的解决方案是真正有价值的。其实，有时候准确判断终点的价值并非易事，甚至在筛选过程中还有可能排除掉一些有潜力的解决方案（终点）（见图 4-6）。

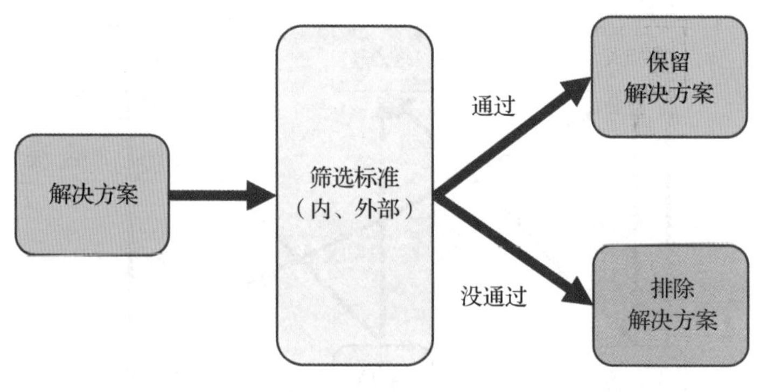

图 4-6 筛选过程

为了避免这些错误并消除筛选过程中可能的情绪性影响，必须在搜索过程开始之前就制定好一套停止规则，并在筛选过程中严格遵循这套规则，这非常重要。

根据 LCT 方法的定义，一个好的终点必须是新的、不显而易见的、有价值的。勘探家还可以添加其他停止规则，例如可实施性（成本、技术等）和勘探家的总体偏好（例如，公司的总体战略）等。根据不同的应用情境，也可以考虑将定量评估融入筛选过程中。同样重要的是，停止规则中必须明确指出，好的终点并不一定会被大多数人（甚至是创新团队的成员）喜欢，也不必与经验或专家意见相一致。这些绝不能成为排除任何终点的理由。另外，停止规则也要确保不会去选择那些折中的解决方案（即各个方面看着都还行，但没有哪个方面达到优秀）。

使用指南八：个人和小组形式

根据 LCT 方法，搜索首先应由个人勘探家独立进行，然后创新小组会对个人勘探家所得的搜索结果进行讨论和评估。这种个人 – 小组的过程可视情况多轮交替进行。独立工作的个人将主要依赖其独特的专长、背景和优势，以其特有的角度来剖析问题，通过不同的搜索路径（即采用不同的起点，应用不同的 LCT 方法）得到不同的搜索结果。而小组形式有利于相互思维促进，达成共识和完善终点。小组形式也有助于提升个人参与兴奋度，甚至还会在过程中适度引入一些组员间的友好竞争，从而激励个人勘探家更努力地搜索。

为个人勘探家设定量化目标非常重要（例如，每个个人勘探家都必须找出满足预定筛选规则的 10 个终点）。如前所述，运用 LCT 方法创新很容易就能找到很多（但其中大部分都很可能是无价值或价值极低的）终点，因此必须要激励个人勘探家在停止搜索之前尽可能广泛地搜索。

使用指南九：激励机制和游戏化

LCT 搜索很容易成为一个永无止境的过程，因此为了防止这

种情况的发生，也可能会走向另一个极端，即当找到比起点稍好一些的解决方案时就过早地停止搜索过程。为了应对这种挑战，必须要对 LCT 实践者（勘探家）采取适当的激励机制。应该根据勘探家所找到终点的质量以及他们搜索的范围给予奖励。就像其他任何勘探行为一样，勘探家努力制定出高明的搜索策略，勤勉地执行，但最终仍有可能找不到任何有价值的发现。这是完全有可能的，因为高明的搜索策略和勤勉的工作只能增强找到有价值发现的可能性，并不能保证一定会成功。因此，无论结果如何，都应该激励勘探家努力制定出高明的搜索策略并勤勉执行。

还可以将搜索过程游戏化，使其更加有趣。LCT 方法本质上是搜索过程，其中所有参与者（个人或团队）都在同一空间内努力搜索有价值的解决方案（终点）。由于不同参与者搜索的范围和得到的结果是可比较的，因此可以设计公正的比赛，并根据参与者的表现来给他们奖励。

第 5 章 LCT 方法

LCT 方法是 LCT 在应用上的核心工具箱，也是本书所讨论的大部分内容。LCT 方法可分为三级。本章首先对 LCT 方法进行概述，然后逐一介绍 LCT 一级方法（Tier 1 Method，T1M）和 LCT 二级方法（Tier 2 Method，T2M）。由于 LCT 三级方法（Tier 3 Method，T3M）的定义和创新目标有关，因此在介绍创新目标之后再讨论。

LCT 方法概述

LCT 方法是 LCT 应用的核心。任何方法论都包含两个关键要素：①概念框架及其支撑逻辑；②采用的搜索程序（算法）。LCT 方法包含三个一级方法，每个一级方法包含若干个二级方法，而每个二级方法又包含若干个三级方法。表 5-1 对这三级方法在各个关键维度上进行了比较。

表 5-1 LCT 方法：层级化比较

维度	一级方法（T1M）	二级方法（T2M）	三级方法（可选）(T3M)
逻辑	基于自然界（自然科学）创新的普遍原理	基于某一个特定的自然界原理或某个学术研究（自然科学和社会科学）的搜索程序（算法）	是对用二级方法搜索一个特定目标的补充，但二级方法应用时不一定需要目标
（目前的）数量	3	12	95
详尽无遗漏	是	相对详尽，但没有穷尽	不是
每种方法的应用范畴	都可用	（基本）都可用	有些只适合特定的应用范畴
只属于某一个上一级的方法	无	是	是
开放式或目标式	开放式	（较具体的）开放式	目标式
搜索算法	抽象	具体可行	更加具体可行

为了便于说明，我对每种 LCT 方法都采用两部分来标记。第一部分标记方法级别，第二部分标记特定方法的名称。例如，“一级方法 . 内生法”（Reconfiguration）是指一种叫作内生法的一级方法，“二级方法 . 减弱法”（Reduction）是指一种叫作减弱法的二级方法，“三级方法 . 纯净核心法”（Purified Core）是指一种叫作纯净核心法的三级方法。标记全称还包括层级结构，例如“一级方法 . 内生法 . 二级方法 . 减弱法 . 三级方法 . 纯净核心法”，可见纯

净核心法是一个三级方法，它隶属于一个叫作减弱法的二级方法，而后者又隶属于一个叫作内生法的一级方法。本书中一般使用简单标记法，不会具体写出方法的整个层级结构。

一级方法和二级方法

一级方法基于自然科学学科（以及自然科学家所研究的问题）创新的基本原理。这些原理高度抽象，并不易于直接应用在搜索上。但是，它们涵盖了所有的可能性。LCT 方法所包含的三个一级方法（内生法、替代法、组合法）是全面详尽的，将所有可能的一级方法都包括在内。一级方法 . 内生法基于两种无机化学反应的原理：分解与合成。它同时也基于有机化学 / 生物反应，其中生物单体（氨基酸、核苷酸）形成聚合物（蛋白质、DNA、RNA）。一级方法 . 替代法是基于单次替换的无机化学反应以及生物学中的点基因突变。一级方法 . 组合法基于合成和双重置换的无机化学反应，以及生物学中的染色体重组。

二级方法是隶属于某个一级方法领域中的更具体的搜索算法。二级方法可直接用于按照某个搜索协议进行的搜索过程。本书将详细讨论十二种二级方法。但除此之外还存在其他二级方法，在本书中未详细进行讨论，主要是因为这些二级方法中有些可能已被读者熟知，或者有些可能尚未被发现。随着未来更多规律被发现，二级方法的数量很可能会进一步增加。

一级方法 . 内生法包括六个二级方法，一级方法 . 替代法包

括两个二级方法（另外两个会在概述部分中提及，但不会详细讨论），一级方法．重组法包括四个二级方法。表 5-2 显示出一级方法和二级方法之间的层级关系，并对每个二级方法进行了简单介绍。一般来说，二级方法可以稍加改变，以三级方法的形式来实现某个目标。但值得注意的是，这不是必需的。二级方法已与搜索协议一起被详尽阐述，因此二级方法可被用作常规（开放式）探索型搜索算法。

表 5-2　LCT 方法间的层级结构

一级方法	二级方法	关键的搜索逻辑（目前包含的三级方法数量）
内生法（Reconfiguration）	有效期法（Duration）	改变（要素的）生命周期（8）
	减弱法（Reduction）	减弱某个要素（的某个属性）（12）
	增强法（Augmentation）	增强某个要素（的某个属性）（10）
	时间重组法（Timelining）	改变不同要素整合、拆卸的时间关系（12）
	空间重组法（Spatialization）	改变不同要素整合、拆卸的空间关系（7）
	因果法（Causation）	改变不同要素之间的因果关系（7）
替代法（Replacement）	抽象法（Abstraction）	找类似的要素来替换（7）
	逆向法（Contrarian）	找相反的要素来替换（7）
组合法（Recombination）	分享法（Sharing）	组合不同方案来共享一（多）个要素（9）
	抵消法（Cancellation）	组合优势方案以弥补弱项（4）
	互增法（Amplification）	组合有正交互作用的不同方案（7）
	套利法（Arbitrage）	借鉴类似场景里高效的其他方案（5）

三级方法的（创新）目标

创新的目标是在一个或多个维度上创造价值。在本书中，我将创新的目标归纳为九个不同的价值维度（见表 5-3）。第一个维度是通过发现一个新方案，来满足之前从未被满足的需求从而创造价值；一般来说，这个新方案不应只是对起点进行渐进式的功能改进。第二个维度是通过找到现有方案的替代方案（例如不同形式的替代方案）来创造价值。第三个维度是通过提升现有方案的功效来创造价值，但这种功效提升并非体现在满足需求多样性上。第四和第五个维度的价值体现在找到的新方案可能增加提供者盈余（例如成本、价值）和 / 或减少使用者耗费（例如，运营成本、支付价格）上。接下来的三个维度（副作用、易受损的、局限）的价值体现在解决现有方案的缺陷从而创造价值上。最后，一个新方案可以通过满足不同用户和不同使用场景的需求多样性来创造价值。

表 5-3 三级方法的创新目标

目标	特定的搜索方向		
	1	…	*N*
满足之前从未被满足的（使用者）需求			
找到替代方案			
提升功效			
增加提供者盈余			
减少使用者耗费			
降低（不想要的）副作用			
降低易受损的（风险）			
减少局限			
满足不同需求（用户、场景）多样性			

尽管大多数维度是不言自明的，但是通过解决现有方案的缺陷来创造价值的三个维度仍需要进一步详细阐述。这三个维度是 LCT 搜索的卓有成效的目标。**副作用**是指解决方案中不好的，与要满足的需求无关的方面。这种副作用可能是概率性的，例如止痛药可能会让人精神不振，化妆品可能导致皮肤长期受损，咖啡可能会让人上瘾。**易受损的（风险）**是指解决方案中容易坏（有可能是

随机发生的，也有可能是使用不当或外部冲击所导致的）的方面。例如，瓷杯容易被打碎。**局限**是指解决方案中会降低使用率或使用效果从而导致价值受限的方面。比如，野营活动只允许有野外生存技能的人参加，古典音乐只有受过一定训练的人才能充分享受。

通常情况下，每个二级方法都有多个具体的搜索方向（搜索变量）。这些搜索方向是针对某个二级方法更具体的搜索算法，可以看成是隶属于这个二级方法的广义上的三级方法。但在本书中，我把这些搜索方向和创新目标相结合，从而得到更加具体的针对某个目标的三级方法。每个二级方法的变量（搜索方向）通常与创新目标无关，因此是开放式搜索方法。

三级方法是适用于目标式搜索的二级方法。一个二级方法的搜索算法一般只适用于某个特定创新目标。重要的是，如前文所述，可以采用很多不同的二级方法以实现某个特定目标。任何二级方法都不可能适用于所有创新目标，但通常会适用于一部分创新目标。一个二级方法可以包含高达两位数数目的三级方法，而本书中所介绍的三级方法只是其中一小部分。需要不断改进三级方法，以获取新方法。三级方法是在用二级方法搜索一个特定目标时的补充，更加聚焦，从更可能找到满足特定目标的地方去搜索；但应用二级方法时不一定需要目标。

第 6 章

准备工作

本章介绍在创新任务开始之前应做的准备工作。勘探家可以根据创新的性质和可用资源来确定准备工作的广度和深度。准备工作并不针对某些特定的 LCT 方法，而是几乎适用于绝大多数（甚至全部）LCT 方法，为其提供支持。有些准备工作适用于多创新任务，尤其当这些任务属于同一领域时（例如，家电公司每年都会开发新的冰箱和洗碗机）。准备工作也是可累积的，即后续准备工作可以在前期准备工作的基础上进行，而不是从头开始。因此，创新部门必须详细记录各项准备工作的完成情况，这很重要。

准备工作主要（但并不仅仅）用于以下目的：

- 确定起点和终点（现有的或理论上的），为正向搜索和反向搜索服务。
- 确定与该创新任务相关的具体目标。
- 确定可以被用于终点的要素。
- 预测长期趋势（以帮助选择与之相吻合的目标）。

准备工作分为三类：收集原料；确定目标；开发展望。可以在每类准备工作中执行特定任务以实现相应的目的。表 6-1 汇总了这些内容，本章剩余篇幅将对其进行详细讨论。

表 6-1 准备工作

前期工作类型	任务子类别	目的
收集原料	现有方案 相关科学与技术 相关社会及文化发展	收集起点和终点，以及可以被用于终点的要素
确定目标	描述及显示的 理论推断的 转换的	确定和这个创新任务有关的逻辑性的、情感性的、感官性的具体目标
开发展望	科幻未来经历 未来学	探索长期趋势，帮助选择与之相吻合的目标；确定（可以是理论上的）起点和终点；找寻更多和这个创新任务有关的目标

收集原料

LCT 创新的要素包括：①现有方案；②相关科学及技术；③相关社会及文化发展。搜寻现有方案的主要目的是找到可能的起点（用于正向搜索）和终点（用于反向搜索，作为解决方案起终点）。这有助于提供输入以开启 LCT 搜索过程，同时也避免白费力气重复做已完成的工作。除了搜寻现有方案之外，勘探家还需要搜索专利数据库和相关文献（包括学术界和业界），并与该领域的专家和用户交流。

相关科学及技术是在某些 LCT 方法中可以被用于终点的要素，包括新的材料或替代材料、技术、资源（例如算力），有助于系统地理解世界及万物运行的理论，以及某个问题的现有解决方案。

相关社会及文化的发展会引导搜索方向，以确保终点与社会和文化的规范、趋势等相一致。例如，人们现在的注意力持续时间变短，喜欢多任务处理，并更加关注环境。

确定目标

尽管有些创新搜索任务是开放式的（即开始时没有特定目标），但很多创新搜索任务开始都或多或少源于一些目标。这些目标有助于集中搜索，并使得 LCT 使用者可直接应用三级方法。目标可大致分为三个大类：逻辑性的（逻辑目标）、情感性的（情感目标）和感官性的（感官目标）。它们与第 5 章中目标的九个价值维度基本不相关，它们在本书中主要用来详细描述三级方法，以进一步丰富 LCT 搜索过程力求实现的目标。如有需求，可以通过三种不同的方法来确定目标：描述及显示，理论推断，转换生成。

描述及显示的目标直接来自消费者，可通过一手数据（描述或显示的）或二手数据（显示的）获取。其基本逻辑是所有目标（即需求）都已经存在，但有些目标比其他目标更加显而易见，甚至对有需求的个人来说也是如此。如果能找对人，用好方法，这

些目标都可以被发现。从消费者那里收集数据的方法比较成熟，公开的资料很多，所以我在此不对其进行详细讨论，只简单说明一下：常用工具包括文献、主动方法（例如访谈、焦点小组）、被动方法（例如运用人类学方法进行观察）、投射技术（间接）和二手（行为）数据。书面调研的方式不适用于此目标。

描述及显示的方法有两个注意事项。首先，要进行深入研究以发现其他人没有察觉的需求，这很重要。例如，我们知道很多原因会导致大学生爱穿人字拖，但是如果深入研究就会发现，有些人穿人字拖只是为了炫耀自己做过足部护理，这个原因对很多人来说是“不显而易见的”。还需要清楚意识到消费者的偏好会随着时间发生变化，这也很重要。其次，一些成功人士并不依赖于直接询问的方式来获取消费者洞察。很多人都知道，史蒂夫·乔布斯从不做传统意义上的消费者研究，因为他认为自己比消费者更了解他们想要什么。“如果当初我问消费者想要什么，他们会说要一匹跑得更快的马。”很多人都以为这是亨利·福特说的，但其实并不能肯定是他说的。然而不管怎样，这句话很好地体现了这种不依赖消费者直接描述及显示来研究其需求的逻辑。这并不意味着直接描述及显示的方法是没用的，只不过是为了表明在有些情境下勘探家通过自省的方法（例如理论推断）会比通过直接询问消费者来收集数据，能获得更为有效的结果，因为很多消费者可能并没有花时间去仔细思考自己真正的需求是什么，也可能并不具备清晰描述这些需求的能力。由于这种方法采集到的消费者样本数据可能不具有代表性，因此也很可能没法了解消费者真正的需求（目标）。

理论推断的目标是指通过相关理论，尤其是与结构化需求相关的理论来推导出的目标。存在许多这样的理论可供借鉴，例如马斯洛的需求层次理论（Hierarchy of Needs）[1]、麦克斯－尼夫的人类根本需求理论（Theory of Needs）[2]、施瓦兹的人类基础价值观理论（Theory of Basic Values）[3] 以及我的内心博弈理论（Theory of Intraperson Games）[4]。尽管这些理论为系统地搜索有价值的需求（目标）提供了不同的框架，但其所有识别出的需求大致可以分为生物需求和有知需求两类[5]。生物需求是所有高级动物物种所共有的与生存和繁殖直接或间接相关的需求。有知需求是指超越个人生存和繁殖的需求，包括对自身（例如尊严、公平）、他人（例如尊重他人的生活、观点和生活方式，公平对待他人）、动物（例如人道对待、生物多样性）、无生命的自然（例如保护环境和减少人类活动对水圈、地圈及大气的影响，特别是保护能源储备）和机构（例如组织、公司、政府）的态度。传统观念认为功效、速度、舒适性、便利性、效率等是推动创新的主要因素，但有知需求重新定义了一系列新的创新驱动因素（例如可持续发展、公平贸易、从摇篮到摇篮的环保设计理念）。这些新的创新驱动因素变得越来越重要，主要原因如下。首先，数据可以被收集、存储、分析和展示，并能被非专业人士（包括顾客）理解，透明商业的时代已经来临。其次，在大多数国家人类文明已经发展到了可以轻易满足绝大部分人生物需求的阶段。再次，环境也到达了一个如果物种要生存和繁荣，就必须对人类现有习惯进行重大改变的临界点。最后，人口数量也正逼近地球对生命的承载力极限，并且几乎呈现指数级增长态势。

转换生成的目标是指运用工具将现有的目标通过一定的转换从而生成新的有价值的目标。第一种转换工具的本质是语言，适用于所有三类目标。它基于这样一种观察，即很多逻辑目标可以用名词表达，很多感官目标可以用形容词来表达有关的体验，情感目标一般可以用名词和形容词来表达。转换生成方法使用语言学工具来做转换，包括以下步骤：①用一个词（名词、形容词）来表达现有的一个目标（需求）；②找它的反义词（极端）；③找它的同义词（极端）；④检查这些新的词是否展示出了有价值的新目标（需求）。该过程如图 6-1 所示，可用在线同义词库或搜索引擎（例如谷歌）实现。图中圆圈表示同义词组，方框表示反义词组，实线表示强相关的同义词或反义词，虚线表示弱相关的同义词或反义词。

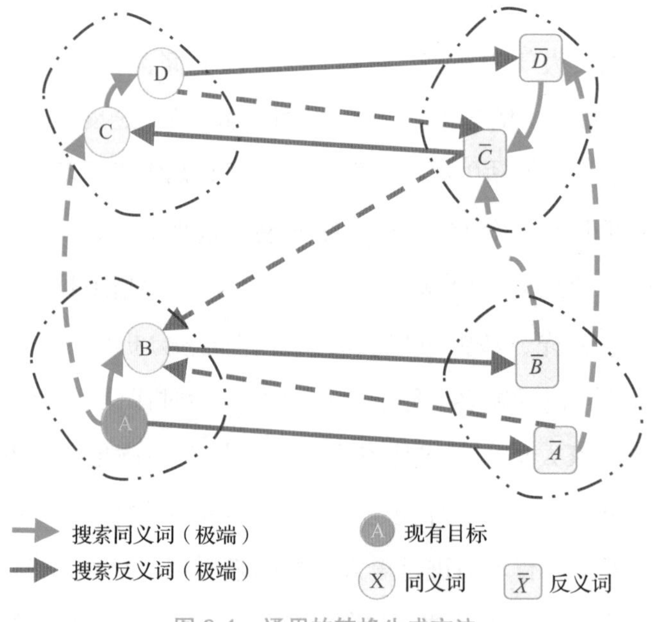

图 6-1 通用的转换生成方法

需要注意的是，转换生成的目标现在看很可能是不明显的、反常识的（至少刚开始时是）、小众的。因此，勘探家不能因为这些目标和自己的常识不同就排斥它们，而是应该努力确定这些需求（目标）的细分市场是否存在。

第二种转换工具专门用于识别感官目标。勘探家可以通过对相关语料库进行详尽的评估，来进行合理的替换（例如，将食物从原来的口味改为新口味）。另外，勘探家可以通过感官迁移来识别新的感官目标，也就是说用常用于描述其他感官体验的语言来描述某个感官体验［例如，这种音乐（听觉）是平滑的（触觉描述）］。最后，勘探家可能有混合的感官体验，这些体验可以是源自同一个感官的（例如，甜辣），也可以是源自不同感官的（例如，光滑粉色）。混合感官体验还可以是互相补充的（例如，不同的椭圆）或互相对抗的（例如，甜咸、红绿色、不同的几何形状）。

第三种转换工具是罗伯特·普鲁奇克（Robert Plutchik）开发的情感轮，专门用于识别情感目标[6]。它包括八种（即四对相互对立）的核心情感，即喜悦与悲伤、愤怒与恐惧、信任与厌恶以及惊奇与期待。这些情感据说具有生物学原始性特征，会在自然选择中提升个体优势。与色轮类似，这些核心情感可以呈现出不同强度，并且人类所有的情感都可以看作是这些核心情感以不同强度组合而生成的。因此，勘探家可以通过改变某个核心情感的强度（数量），使用与其相对立的情感，或以不同强度将某个核心情感（或其对立情感）与其他情感混合来生成新的情感。很多时候，把两种或以上的核心情感以不同强度混合在一起可以生成一种完

全不同于原先情感的全新的情感。也可以采用类似情感方案（将情感轮上邻近的情感混合在一起）或对立情感方案（将情感轮上对立的情感相混合）来生成新的情感。

开发展望

开发展望的目的是发现趋势并选择与趋势一致的目标。这也可能有助于勘探家确定（理论上的）起点和终点以及其他目标。开发展望主要可通过两种方法：科幻未来经历和未来研究。

科幻未来经历（Future Experience Fiction）是指用写科幻小说的手法来描绘在未来某一年中的某个特定情境里的经历。科幻未来经历背后的逻辑是，科幻的环境会让人开放思想及打破现有的科学、技术、社会文化常规的约束。从技术角度来说，任何人例如创新团队成员、员工、合作伙伴、现有客户、未来 / 潜在客户等，都可以进行科幻未来经历的写作练习。一旦科幻未来经历写作练习完成后，分析师（通常跟写作者不是同一人）必须仔细检查写作成果，以发现趋势、理论上可行的解决方案和需求（目标）。

科幻未来经历任务的设计在很大程度上影响了写作成果中有用信息的数量和质量。下面介绍一些通用设计规则。首先，必须仔细挑选主题，使其与目标创新领域相关。其次，既要给写作者提供足够的信息以帮助他们聚焦主题，又不能提供过多信息以免局限其思维。最后，要遥想未来，时间轴要远到一定程度，以免写作者的思维受到当前解决方案、技术和生活方式的限制，但也要注意不能远到相关的题材到那个时候可能已经没有意义了。在许多情况下，从现在起到大约100年后的这个时间轴范围是合理的，当然这也得取决于具体的主题。

我们还需为写作者提供有效的写作指导，以确保写作成果能服务于具体创新目标。例如：写作者不能抽象地写大纲，要写具体经历；要短（比如说一页纸就够了），但要有人物，甚至情节；避免写娱乐性的内容；不能写奇幻作品，即那些不符合科学规律、不可能存在的事物；唯一的指导思想是描述一个会让自己和别人非常满意的经历。请注意，这些指导并不全面，应针对具体情况进行调整。如有需要，写作者可以考虑采纳以下建议来启发创作思路，例如：想象外星人的生活；改写一个神话故事，但背景限定在未来；描述未来如何高效和多功能；描述在未来如何以极低的成本，而且几乎不花任何力气就能完成目前成本高昂的和（或）困难的任务；写一个关于越狱的故事（例如，消除约束，打破常规，走向极端）；描述未来世界上最重要的人物；描述未来无所不能的助理能做什么；描述成为未来世界的领导者，或创立自己的世界（即从头开始制定自己的规则）的感觉；描述一个没有工具但依然享受当前便利的世界；描述一个人人完美的世界；描述一个儿时梦想成为现实的场景。可写的东西是无穷无尽、不胜枚举的，但除非写作者真的毫无头绪需要启发时才可提供这些建议。

还可以考虑利用一些与科幻未来经历方法中所关注创新领域相关的二手数据（例如科幻电影、小说等）。美国系列电影《星际迷航》（*Star Trek*）长期以来一直是众多勘探家的主要灵感来

源。例如，《星际迷航：下一代》（*Star Trek: The Next Generation*）（1987—1994）中使用的个人访问显示设备（PADD）后来为 iPad（2010）和其他平板电脑的发明带来灵感。最著名的例子是《星际迷航》系列（1966—1969）中使用的通信器，它启发了当时摩托罗拉的首席工程师马丁·库珀（Martin Cooper），直接推动了第一部手机的研发。复制器是电影《星际迷航：下一代》中一种几乎可以合成和回收任何东西的设备，目前虽然尚未被完全开发出来，但 3D 打印机其实就是一种基础功能与之非常类似的产品。

未来研究（Future Studies，也称为未来学）是指对未来的正式研究。许多人穷其职业生涯来专门从事未来研究，尽管他们中大多数人其实是顾问，而不是学者。他们通常研究所谓的 3P 和 1W，即可能的（Possible）、很有可能的（Probable）、希望有（Preferable）的未来，以及小概率大影响（Wildcats）的未来。未来研究也包括对那些过去看来并不重要但很可能将来会产生深远影响的新兴问题的分析。未来研究会用到多种分析工具，包括情景法、预测市场、趋势分析、德尔菲法（Delphi Method）等，目前尚未就以哪种方法为标准达成共识。预测未来，即便只是搞清楚未来可能是什么样子，也不是一件容易的事。正如亚瑟·克拉克爵士（Sir Arthur Clark）（三大科幻小说家之一）1964 年在英国广播公司（British Broadcasting Corporation，BBC）的《地平线》节目中所说："如果一个人对未来的预言让大家现在听起来觉得很有道理，那么可以肯定的是，在未来 20 年或者最多 50 年的时间里，科学技术的进步将会令这种预言听上去保守得可笑。我们必须意识到，只有那些现在听起来极为荒谬、只会惹来大家嘲笑的预言，将来才有可能被证明预测得准确。”

非常聪明的人，即使是在他们自己的专业领域，也可能会做出非常短视的预测，这样的例子在历史长河中比比皆是。因此，在运用未来研究方法进行LCT创新时，请务必牢记亚瑟·克拉克爵士的上述中肯建议。

多做“OWE”练习可以帮助勘探家更好地培养远见，或者至少可以帮助他们摆脱潜在桎梏。在这里，O表示来源（Origins），W表示假设（What ifs），E表示结果（Ending）。在进行OWE练习时，勘探家会选择一个特定的现象（例如婚姻），探究该现象的来源，以尝试弄清它为什么会存在，然后思考如果某事发生（假设），它将来可能会演变成什么样子（结果）。

注 释

1. 亚伯拉罕·马斯洛（Maslow, A. H.）（1943）. 人类动机论（A Theory of Human Motivation）.《心理学评论》（*Psychological Review*），50（4）：370-96.

2. 曼弗雷德·麦克斯－尼夫（Manfred, M-N.）（1991）.《人类量表开发：概念，应用和未来思考》（*Human Scale Development: Conception, Application and Further Reflections*）. Apex 出版社.

3. 沙拉姆·施瓦茨（Schwartz, S. H.）（1992）. 价值内容和结构的共性：20年理论发展和实证研究综述（Universals in The Content and Structure of Values: Theoretical Advances and Empirical Tests in 20 Countries）. M. P. Zanna 编辑的《实验社会心理学进展》（*Advances in*

Experimental Social Psychology)，25: 1-16. Elsevier.

4. 丁敏（Ding，M.）（2007）. 内心博弈论（A Theory of Intraperson Games）.《营销期刊》(*Journal of Marketing*)，71（2）：1-11.

5. 丁敏（Ding，M.）（2013）.《泡泡理论：有知需求和公正发展框架概述》（*The Bubble Theory: Towards a Framework of Enlightened Needs and Fair Development*）. Springer 出版社 .

6. 罗伯特・普鲁奇克（Plutchik，R.）（1980）. 情绪的一般心理进化理论（A General Psychoevolutionary Theory of Emotion）. R. Plutchik 和 H. Kellerman 编辑的《情绪：理论、研究和经验》（*Emotion: Theory，Research，and Experience*），第 1 卷《情绪理论》（*Theories of Emotion*）：3-33. Academic 出版社 .

第二部分

一级方法 . 内生法

本部分主要介绍 LCT 方法的第一个一级方法，即内生法。第 7 章介绍了这个一级方法与其所包含的六个二级方法之间的两种内在关联逻辑，即单个要素内生表和多个要素关系内生表。第 8 ～ 10 章详细介绍了基于单个要素内生表的三个二级方法，即有效期法、减弱法和增强法。第 11 ～ 13 章详细介绍了基于多个要素关系内生表的三个二级方法，即时间重组法、空间重组法和因果法。每一章的开始都会对所要介绍的二级方法先进行整体讨论，然后会对相关三级方法的创新示例逐个进行详细讨论，最后再简单概括该二级方法的开放式搜索算法。

第 7 章

一级方法 . 内生法概述

一级方法 . 内生法基于两种无机化学反应的原理：分解与合成。先分解再合成，或者仅合成，发生有机化学或生物反应，其中生物单体（如氨基酸、核苷酸）形成聚合物（如蛋白质、DNA、RNA）。这些反应之间最主要的共同特征是，一组数量极少的基本元素通过一系列化学反应形成大量复杂的分子（终点），其中每一个分子（终点）都可以看作是通过使用不同数量的基本元素并改变它们在一维、二维和（或）三维空间的连接方式而形成的。

具体来说，一级方法 . 内生法采用以下开放式搜索算法：①选取某个现有解决方案，确定合适的起点；②将其分解成若干构成要素（解构）；③对某些或所有要素进行一定的重构，并做出一定的修改，研究这样做是否会产生有用的创新。在该一级方法下，流程中未引入根本不同的新要素。

基于一级方法 . 内生法的搜索过程可根据两种基本逻辑表进一步细分，这两种基本逻辑表是单个要素内生表（见表 7-1）和多个要素关系内生表（见表 7-2）。

表 7-1　单个要素内生表

	要素的常见表现形式	要素的生命周期
结构	物理性质（大小、形状、重量……）；抽象性质（价格、生产要求……）	结构在生命周期中的演变：某个时效曲线（阶梯式、抛物线、线性），半衰期
功能	它起什么作用，效果如何	功能（效果）在生命周期中的演变（曲线）
（数）量	采用了多少个单位	采用的数量在生命周期中如何变化

表 7-2　多个要素关系内生表

	要素关系的常见表现形式	要素关系的生命周期
结构	它们是如何组合在一起的	结构关系在生命周期中的演变（曲线）
功能	一个要素的功能状态取决于别的要素的功能状态，以及外部元素的状态	功能关系在生命周期中的演变（曲线）
（数）量	不同要素的比例及外部环境元素的比例	比例关系在生命周期中的演变（曲线）

单个要素内生表反映了，在只修改要素而不修改要素之间的关联（交互）的情况下，应如何进行搜索。如表 7-1 所示，行代表要素的三个维度：结构、功能和（数）量（即同一要素存在多少个单位）。列代表要素的常见表现形式以及要素在生命周期中的演变，其中要素的生命周期是指要素从生产、运输、销售、第一次使用、储存、后续使用，到过期 / 无效的过程，不是指日历上的时间。第 8 ～第 10 章介绍的三个二级方法，即二级方法 . 有效期法、二级方法 . 减弱法和二级方法 . 增强法，都基于单个要素内生表。

多个要素关系内生表反映了，在关注不同要素之间以及它们

与外部环境如何关联和（或）交互的情况下，应如何进行搜索。各行的含义与单个要素内生表相同，但各列的含义稍有不同，列代表了要素关系的常见表现形式以及要素关系在生命周期中的演变。第 11 ～第 13 章介绍的三个二级方法，即二级方法 . 时间重组法、二级方法 . 空间重组法和二级方法 . 因果法，都基于多个要素关系内生表。

第 8 章

二级方法．有效期法

有效期法是一种基于单个要素内生表的二级方法，它通过改变解决方案的有效期来观察是否会产生有价值的新方案，这种改变可以发生在一个或多个要素或者整体解决方案层面。其逻辑是，勘探家通过修改起点方案（或其要素）的生命周期，改变解决方案的生产或使用方式，从而可能产生更有效、更有价值的新的解决方案，以此来增加提供者盈余，以及（或者）减少使用者耗费，并降低（不想要的）副作用，降低易受损的（风险）。

搜索算法要求勘探家仔细检查要素和解决方案，弄清楚可以对结构、功能和数量做出哪些改变。勘探家通常可以对以下搜索变量进行更改：①生命周期的长度，时效曲线（包括半衰期），以及（或者）使用者可使用的期限；②生命周期结束后的残留影响；③解决方案在不同时间点如何展现。

本章将对该二级方法下属的八个三级方法（见表 8-1）进行详细讨论，但要注意的是这里并未囊括所有可能的三级方法，而且新的三级方法还在不断涌现中。其中有三个方法旨在提高功效，两个旨在增加提供者盈余，还有三个旨在减少使用者耗费、副作用和易受损的（风险）。还可以根据特定的搜索变量将这些方法分为四类。第一类中的四个三级方法缩短了生命周期，但实现方式有所不同：**“限时”**限制了使用者获得解决方案的时间；**“计划淘汰”**有意设计一个不耐用的解决方案，因此使用者需要频繁购买；**“足够时间”**着眼于降低成本，而不考虑解决方案将持续多久；**“部分时间使用”**让使用者在解决方案的整个生命周期内只能接触其中一部分。第二类中的两个三级方法延长了生命周期：**“重复使用”**允许使用者重复使用某些要素，而**“永久使用”**则使解决方案在其相关场景中能永远持续下去。第三类只包含一个三级方法，其着眼于使用结束后发生的事情：**“用后即毁”**使解决方案在其生命周期结束后迅速分解。第四类也只包含一个三级方法，其会随着时间的推移改变解决方案的显示或感知方式：**“夸张时间”**通过加快或减慢时间的流动来改变人们对解决方案的认知。

表 8-1　二级方法 . 有效期法下属的八个三级方法

目标	特定的搜索方向			
	缩短	延长	使用后	感觉上
满足之前从未被满足的（使用者）需求				
找到替代方案				
提升功效	限时	重复使用		夸张时间
增加提供者盈余	计划淘汰 足够时间			
减少使用者耗费	部分时间使用			

（续）

目标	特定的搜索方向			
	缩短	延长	使用后	感觉上
降低（不想要的）副作用			用后即毁	
降低易受损的（风险）		永久使用		
减少局限				
满足不同需求（用户、场景）				

三级方法．限时

该三级方法的逻辑是缩短起点（或其要素）的生命周期，让使用者由于稀缺性而给解决方案附加更多的和（或）不同的价值，从而提高解决方案的功效。这个三级方法的搜索算法通过缩短整个有效期或仅向使用者开放部分常规时间，来减少解决方案的使用时间。该三级方法最常被应用于更改单个或所有要素的功能和数量。

促销（商业）

该三级方法经常被用于促销。根据其定义，促销是一种限时解决方案，因为它只在很短一段时间内有效。零售店经常会举办诸如每日促销和每周促销之类的活动。现代通信技术使得商家很容易与消费者实时沟通，因此闪购（Flash Sale）活动也变得越来越受欢迎。在互联网热潮中，woot.com 创立了一种电商环境下的全新商业模式，即每天提供不同商品的一日促销活动。优惠券通常有使用期限。

零售商经常会在特殊日期举办全店促销活动（例如，全店商

品在本周日或黑色星期五可享受 20% 的折扣）。而在线零售商会更为广泛地使用这个三级方法。除了一年一度的“网络星期一”（Cyber Monday）促销活动外，亚马逊网站的年度会员日（Prime Day）也能非常有效地吸引新客户办会员卡。中国的阿里巴巴在 2018 年 11 月 11 日的“双十一”促销活动中，仅在 24 小时内就创下了 308 亿美元的销售纪录[1]。

在这里特别指出，三级方法 . 限时作为一种促销工具是行之有效的，因为使用者很容易用不同渠道搜索和比较不同渠道，长此以往他们就能了解潜在解决方案是否真的独特且最优。

产品和服务（商业）

除了影响价格和其他价值因素外，三级方法 . 限时还可用于提高产品或服务本身的可用性。高端时尚用品有时仅会在某一特定时间段内销售，在此之后，即使有库存也不再进行销售（请注意，此方法与第 9 章中讨论的三级方法 . 限量并不相同）。餐馆也可能会推出限时售卖的创新菜品，期限一到便不再提供。例如，西班牙米其林三星级餐厅 El Bulli 每年都会更改整个菜单[2]。戏剧、音乐会等也常采用这个方法。

零售（商业）

快闪店（Pop-up Store）[3] 是该三级方法在零售业中的一个应

用。这些临时搭建的零售场地仅在某个特定地点开设一小段时间（通常是几天到几周）。品牌商常常利用快闪店来达到发布新产品、提升品牌知名度等目标。在新地区开店之前，也可以先用快闪店进行试点运营。

三级方法 . 计划淘汰

该三级方法的逻辑是缩短起点（或其要素）的生命周期，目的是让使用者在给定时间段内更频繁地购买（相同产品或用新的解决方案替换上一代解决方案），从而增加收入以增加提供者（即品牌商家）盈余。尽管采用这种方法背后的动机通常是帮助提供者（或整个行业）创造更多收入，但也有人认为，计划淘汰只要能减少不必要的资源浪费，就可以促进社会层面上的经济增长，这个观点最初是由伯纳德 · 伦敦（Bernard London）提出的[4]。提出计划淘汰的动机有时候也可能是基于对使用者福利的关注，因为它可以有效避免使用者因长时间使用低效的解决方案而浪费资源，并防止他们错过技术进步。

三级方法 . 计划淘汰的搜索算法与同名的通用策略基本相同。该策略在实践中颇具争议，虽然在这里仍沿用该名称以便于读者关联现有相关实践，但值得注意的是在 LCT 方法架构中，计划淘汰是一个中立的名称，那些不道德的实践并不包括在内。LCT 方法的实践者在应用此三级方法时必须意识到其对社会和资源可能造成的潜在不良影响。在市场充分竞争、公司之间没有互相勾

结、交流公开透明的前提下，使用这种方法不太可能会被认为是有违道德规范的。计划淘汰最常用在单个或所有要素的功能层面上。

该三级方法通过以下几种机制来加速替换当前解决方案：干预耐用性（例如，使用不耐用的低质量要素），防止维修（例如，使用很难维修或者修起来昂贵的要素），感知淘汰（例如，流行趋势在不断变化），系统淘汰（例如，通过设计无法在旧硬件上运行的新软件，以确保系统没有向前兼容性，从而迫使用户更换旧硬件）[5]。还有一种设计淘汰，即提供者故意将解决方案设定在某个时间点停止运行，但是这种做法不太符合道德标准，很有可能在现在或不久的将来产生恶果。2015 年，法国议会制定了一项法律，对故意设定其产品在某个时间点停止运行的制造商（者）处以最高 30 万欧元的罚款以及最长两年的监禁。

历史知名案例（商业）

应用该方法最为著名的一个案例是灯泡。包括美国通用电气（General Electronics，GE）公司和飞利浦（Philips）公司等主要白炽灯泡生产商在内的太阳神卡特尔（Phoebus Cartel）联盟于 1924 年签订协议，同意将灯泡的使用寿命限制在 1000 小时以内，违反者将被重罚。该联盟似乎鼓励消费者使用更高效的灯泡，但是因为灯泡的功效会随着使用年限增加而逐渐下降，所以其最终目的是为灯泡行业创造更多的需求。在该协议实施之前，灯泡的平均使用寿命是 2500 小时；在协议签订后的几年中，这些公司设法将其平均使用寿命减少至 1000 小时。美国政府随后起诉通用电气公司，而且在 1953 年新泽西州某地区法院裁定生产商不得人为缩短产品的使用寿命。

产品（商业）

该三级方法经常以干预耐用性或防止维修的形式被应用于消费电子领域。苹果公司就是一个很好的例子。美国知名拆解网站 IFIXIT 曾拆解过一台 MacBook Pro 13 英寸的 2018 款 Touch Bar 版全新苹果笔记本电脑。其公布的结果显示，苹果公司的设计使得该笔记本电脑的主要组件几乎不可维修："包含键盘，电池和扬声器在内的顶盖组件都已黏合在一起，以至于所有这些组件都无法单独更换。"[6]

手机和笔记本电脑制造商通常会基于现有技术（例如某种特定类型的连接）来设计产品，它们很清楚这种设计不能与正在开发的新技术兼容，因此将在未来 1 ～ 3 年被淘汰。

尽管索尼公司坚决否认，但有传言称索尼公司的产品中设有"计时器"或"杀手开关"，即一旦到了预设日期，索尼公司的电子设备就会自动失效，从而迫使用户购买新设备。最近，许多苹果公司的用户对 Mac 电脑在三年保修期到期后往往会崩溃这种现象表示沮丧，认为这是一种人为限制产品使用寿命的设计。尽管没有证据证实以上任何一种怀疑，但毫无疑问，消费电子产品的

使用寿命确实有限，不管生产商是出于想要增加收入的动机，还是出于技术持续发展的需要，或者要帮助用户及时淘汰效率低下的旧设备的善意期望，它们都遵循着用户将在使用几年后会积极淘汰旧设备的设计理念。

模式（商业）

感知淘汰是指创造一种新的商业模式，即用户每过几个月或几年就必须更换新的产品，尽管从功能方面而言可能并不需要更换。时尚产业将计划淘汰理念融入其设计之中。在一些极端案例中，快时尚已经成为许多著名时尚品牌的基本设计理念。“在欧洲，每家时装企业发布的时装系列的平均数量从 2000 年的 2 种增加到 2011 年的 5 种，增加了一倍以上。”[7]

除了感知淘汰的心理学机制之外，时尚产业还会故意设计出使用寿命不长的产品（即干预耐用性），而且许多时尚品类（一般多为服装）的设计就不鼓励缝补（即防止维修）。例如，如果衬衫领口有汗渍，而其他部分完好，更换领口通常比买新衬衫要贵。

三级方法 . 足够时间

该三级方法的逻辑是通过重新设计起点的一个或多个要素，使得它（或它们）只能持续使用一段足够长的时间，而不能永久使用。这让提供者可采用较为便宜的设计手段和材料来降低生产成本。目的是满足那些不要求产品耐用的价格敏感型用户的需求。该三级方法的搜索算法首先要解构起点，然后仔细找出那些价格较为昂贵，而且（可能）存在质量差一些但更便宜的替代方案的要素。搜索算法还可能包括修改设计以尽量简化管理和操作流程、减少零部件、节省人工和生产时间等。

该方法的目标与三级方法 . 计划淘汰中所描述的干预耐用性的目标并不相同，尽管它们的实现过程颇为相似。足够时间这一方法的目标不是在某个时间节点后让解决方案失效（或大幅降低其功效），而是通过降低现有解决方案的一些既定标准来降低生产成本。例如，提供者可以通过重新设计解决方案，来减少一些要素的使用，省去一些生产步骤，使用更便宜的材料等，来达到降低生产成本的目的。在该三级方法下，提供者并不关心解决方案的使用寿命。

产品（商业）

家具就是一个成功应用该三级方法的例子。在以前，家具通常是按照可供好几代人使用的标准来设计和制造的，一些好家具是要作为传家宝世代相传的。由于使用优质材料、制作工艺复杂、专业工匠打造，以及运输成本高昂等，因此在以前家具通常被认为是高档商品，价格非常昂贵。宜家决定采用足够时间这种方法来制造出设计精美但并不耐用的家具，这些家具的使用寿命通常

只有几年，比之前 100 年或更长的使用寿命标准要短得多。这使得宜家公司能够以比其他市场价格低很多的价格售卖其家具产品，开创了一个盈利丰厚的细分市场。

服务（商业）

在服务上采用足够时间的方法可以减少服务时长。例如，有些餐厅仅在一天的特定时段开放，而另一些餐厅则在每周的某一天关门。美国最大的快餐店之一福乐鸡（Chick-fil-A）每周日关门，目的是为员工提供休息时间，从长远的角度来看可减少员工的维持成本。

该三级方法的另一种采用形式是在每次服务期间只提供够用的服务时长。比如一家位于波士顿的日式自助餐厅 Yamato Ⅱ，将顾客的用餐时间严格限制在 2 小时以内。

零售（商业）

基于足够时间这个三级方法的零售创新虽然常常也被称作快闪店，但它们与基于三级方法 . 限时的快闪店有所不同。在三级方法 . 足够时间下，商店不再是促销或市场测试工具，而是非永久性经营的店铺，因为它们的业务是季节性的。例如，Spirit Halloween 是一家卖万圣节相关商品的零售商。该零售商每年会短时间租用店面，通常在 8 月中旬开业，并会在 11 月初万圣节结束几天后关闭。该公司在北美经营着 1000 多家此类季节性商店。

三级方法 . 部分时间使用

该三级方法的逻辑是通过重新设计起点的一个或多个要素，使得这个或这些要素只能在该解决方案生命周期里的一小段时间内使用，因此使用者不需要支付整体解决方案的费用，从而降低他们的使用成本。这样做的目的是吸引那些不需要（或不想）在整个生命周期内一直使用该解决方案的用户，他们也很可能对价格敏感。而且，该三级方法也不要求使用者一直使用同一个解决方案。该三级方法的搜索算法首先要将解决方案的生命周期划分为若干小段，或者选取生命周期内的某一个特定时段，并允许或鼓励用户仅在该时段内使用解决方案。

产品和服务（商业）

该三级方法被广泛应用于建立集体所有权结构，其中每一方都只拥有某项昂贵资产（例如飞机、游艇、进口汽车或度假屋）的一小部分。部分所有权的模式对那些不需要长期使用该资产且对价格敏感的用户最有吸引力。分时享用模式与部分所有权模式相似，但不尽相同。分时享用模式（度假屋经常采用这种模式）授予多方使用资产的权利，并为每一方分配了特定的使用时间段；但购买分时享用的用户一般对资产本身不享有所有权。

模式（商业）

让使用者采纳并购买新的解决方案最难的地方在于说服他们先试用。该三级方法可用于游说使用者在某个特定的时间点（或某个特定的较短时间段内）试用新的解决方案，从而减轻其认知负担，降低使用门槛。这样就很自然地创造出与某个特定时间段相关的商业模式。

1970 年，肯德基在日本开设第一家门店后不久，其经理 Takeshi Okawara（后来在 1984 年—2002 年成为肯德基日本公司的首席执行官）想出了一个绝妙的推广创意：圣诞节吃炸鸡。[8] 这项推广活动使得日本人更愿意去尝试这家新的快餐店，因为这意味着他们每年仅需要在这个特定的日子去该餐馆就餐。最后，这种做法慢慢演变为一种习俗。在接下来的 40 年间，在日本，肯德基使炸鸡变成了圣诞节的代名词。时至今日，日本消费者仍会在圣诞节那天在肯德基店外排队买炸鸡。

习惯（生活）

与商业模式类似，该三级方法也可用于培养个人习惯。例如，“无肉星期一”（Meatless Monday）是一项提倡消费者在星期一不吃肉的国际活动。与要求人们完全放弃肉食相比，这个提议并没有那么难做到，因此人们更乐于参与其中。

三级方法 . 重复使用

该三级方法的逻辑是通过重新设计起点的一个或多个要素，使得解决方案在到期后还可继续使用。将这个或这些要素与新的补充要素有计划地融合，可以达到延续解决方案的价值并提高其功效的目的。该三级方法的搜索算法首先要解构起点，再仔细找出那些价格较为昂贵而且（可能）较其他要素具有更长生命周期的要素。然后设计一个时间节点可以对这些要素进行回收、翻新，并与新的、易损耗（且通常更便宜）的要素相融合，以达到可继续使用的目的。实际上，这为原始解决方案中的一个或多个要素创造了多次使用机会。在一些极端情况下，可以将整体解决方案设计成其所有要素都可以被翻新（重新使用）。

产品（商业）

该三级方法应用的典型代表是产品创新中的两种设计策略。一种策略是模块化设计，即独立创建各要素（即模块），然后将其组合以形成完整的解决方案。单个模块通常可用于不同的解决方案。模块化设计使得用户可以自由组建最终解决方案（在本书其他章节中予以讨论），同时它也允许各要素具有不同的生命周期，从而使某些要素可以被多次使用，而其他要素只能被使用一次。汽车和工业机械是模块化设计的典型代表。现在的电动牙刷包含两个易于分离的要素：刷头和内置电子配件的手柄。这样的设计

使内置电子配件的手柄可以被重复多次使用，尽管每个刷头只能被使用一次。筷子也可应用该三级方法来进行类似设计，以减少资源消耗。如图 8-1 所示，筷子头是一次性使用的，但筷子的其他部分可在清洁后重复多次使用。

图 8-1 由具有不同生命周期的要素组合而成的筷子

另一种策略是再制造，指的是通过维修（或更换）损耗或过时的要素，翻新可重复使用的要素，并结合新的要素来重新制造与原始规格相同的产品。因此，再制造策略以设计某些要素为基础来延长整体解决方案的使用寿命。需要注意的是，再制造的产品必须与原产品的品质标准保持一致，也通常以原价出售。由于再制造产品对环境的影响较小，因此越来越受消费者青睐。几年前，当我拜访威瑞森电信（美国知名无线通信公司）的一位高级主管时，他自豪地指出，他所有的办公家具都是再制造的。

再制造设计理念也可延伸到消费者层面。换句话说，可以设计出一种创新产品，让消费者在使用后对其“再制造”，原有功能仍可维持不变。Bounty Rinse & Reuse 纸巾比普通纸巾厚 50%，可以清洗和重复使用，自 1997 年在美国市场推出以来，取得了巨大的商业成功（溢价 20%）。

如果勘探家尝试用多种不同的方法有效地解构起点，那么基于该三级方法产生的创新将极富创意，并极具价值。瑞典工业设计师 Mehrdad Mahdjoubi 的获奖设计——Oas 淋浴系统，为淋浴用水打造了一个闭环，使其能被循环重复使用。普通淋浴系统通常需要使用 150 升水，而该系统仅需 5 升水。他创建的公司 Orbital Systems 声称，该系统的使用每年至少可以为消费者节省 1000 欧元（在当时合 1351 美元）。他本人甚至受邀将其创新成果纳入由美国国家航空航天局（NASA）约翰逊航天中心和瑞典的隆德大学主导的火星探测任务项目。

软件（商业）

重复使用要素的理念在软件工程设计中被广泛应用。几乎没有人会从零开始编写程序。相反，软件开发者将已经公开或内部共享的现成代码与编写的新代码相结合，来实现特定目标。这些要素在不同编程语言里有不同的名称，例如函数、子程序、过程和方法。面向对象编程（Object-Oriented Programming，OOP）的程序设计方法，特别强调了这一实操理念。

三级方法.永久使用

该三级方法的逻辑是将起点的一个或多个要素设计成持续有效的，以减少解决方案在将来某个时间点后不可用的风险，这种风险可能是现有解决方案预设的，也可能是随机确定的。该三级方法的搜索算法首先要仔细解构起点，然后可对一个或多个要素或者整体解决方案进行修改，使其对使用者永久有效。

服务（商业）

这个三级方法在服务领域中的一个典型应用是终身保修，但该服务一般仅对最初购买顾客生效，一旦产品被转卖该服务就很可能会失效。这个服务在信息不对称的情形下特别有用，即商家知道产品是高质量的，并且确信它们不需要频繁的和（或）昂贵的维修与服务，但使用者不相信或没有相关证据支持。因此，商家提供终身保修服务就意味着向使用者做出了产品质量担保，从而创造双赢的局面。著名的家用运动器械品牌 Sole Fitness 对旗下所有产品的电机和机架提供终身保修服务，并在其网站上发表了以下声明：

“我们给消费者提供的一切终身保修服务都是免费的。‘终身’一词应意如其名。我们提供的所有终身保修服务均由一家业内领先的保险公司承保和支持，以确保无论将来发生什么，您都可以免费享受终身保修服务。”[9]

人际关系（生活）

在人际交往中，人们常会做出永久性的承诺，以消除不确定性，确保守诺。例如，在所有主流文化中，新人们在婚礼上总会直接或含蓄地说出类似“至死不渝”的誓言。这是因为婚姻是一个人一生中最大的承诺，需要做出巨大的牺牲和妥协，因此将婚姻视为永久的关系会让人更容易做出永久性的承诺。

三级方法.用后即毁

该三级方法的逻辑是通过重新设计起点的一个或多个要素，使其快速失效或结构毁坏，从而降低（不想要的）副作用，例如防止被滥用或给用户（也可能是自然环境）惹来麻烦。该三级方法旨在维持起点当前的功效，同时消除其使用结束后可能带来的不良影响。该三级方法的搜索算法首先要仔细解构起点，然后可对一个或多个要素或整体解决方案进行修改，使得解决方案立即消失或失效。

信息（商业）

该三级方法最成功的应用之一是具有阅后即焚功能的短信应用和电子邮件。信息（包括文本、照片和视频信息）被阅读后就会自动删除，发件人也可以设置定时删除（某些应用程序还允许

收件人设置时间段)。这么做的目的是防止信息被他人有意或无意地看到或转发。

Snapchat 最初只能删除照片和视频，现在还能删除文本。Telegram 具有屏幕截图保护和自动销毁计时器等功能。很多人在用的 Facebook Messenger 在私密对话模式中也有自动销毁消息功能。Confide 应用更是专为收发阅后即焚的消息而设计的，并包含更多相关功能，例如一次只显示一行消息，因此即便有人用另一台相机拍摄屏幕也只能获取部分信息。

2018 年，Gmail 也推出了类似功能的新保密模式。发件人激活该模式后，收件人将无法转发、复制、打印或下载电子邮件的内容。发件人可以将电子邮件的到期日期设置为 1 天到 5 年，并且可以随时删除邮件。

产品处置（商业）

现在可持续发展日益受到关注，许多公司都正在采用这个三级方法，通过重新设计产品使产品在生命周期结束后迅速分解回归自然循环，以将其对环境的影响降至最低。例如，2010 年，SunChips（乐事旗下子公司）推出了可降解包装，这种包装可在 14 周内完成降解。类似地，2016 年，来自冰岛的产品设计专业的学生 Ari Jónsson 设计出一种由藻类制成、可完全生物降解的水瓶[10]。

在减少和再利用之后，现代废品管理的第三条原则是回收，这正好也是这个三级方法的一种应用形式。回收的目的是从使用过的产品中提取出有用的材料，并尽快将它们用作新产品的原材料，减少使用全新的原材料，以此来减少自然资源和能源的消耗。

三级方法 . 夸张时间

该三级方法的逻辑是通过重新设计起点的一个或多个要素，以形成对解决方案生命周期的夸张感知，虽然实际上这并不可行。通过夸张的方法来强调这个或这些要素被忽略的价值可提高解决方案的功效。该三级方法的搜索算法可应用于要素以及整体解决方案层面。顾名思义，该三级方法通常用于时间可被操控的情境下，可以通过加快或减慢视觉呈现（例如广告）中某些特定动作的节奏来实现。例如，从每一秒视频（通常一秒的视频包含 30 帧图像）中提取出一帧图像并将它们拼接在一起播放，可以产生时间飞逝的视觉效果；也可采用类似的技术来创建一些虚拟场景，使得其中某些事物的变化速度比现实生活中快或慢得多；还可以通过改变艺术作品（例如电影）中某些重要元素的生命周期来实现，以产生戏剧效果，并突出某些方面。

电影（艺术）

夸张时间是电影摄影中的一种常用技术，将原本很长视频中

的一些帧抽取出来并重新拼接在一起播放，可以在很短的时间内呈现出原本在现实生活中需要很长时间才能发生的过程。延时摄影（Time-Lapse Photography）技术就是以不同于肉眼观看的速率来拍摄场景的。通过更改速率来播放，可以使场景以比现实更快或更慢的速度进行再现。这些技术通常被用于拍摄记录植物生长、景观变化、绘画创作、大楼建造、身体成长和天体运动等场景。观众通常会对拍摄记录的画面心生敬畏，并能更好地了解主题。

编剧（艺术）

该三级方法也可通过人为缩短某个生活中常见要素的发生时间，来突出该要素的价值，并引导使用者去关注他们以前未关注的其他方面。美国电影《2012》就是这样一个例子，它将人类生存的剩余时间从40亿年（太阳毁灭的时间）缩短到几年。正如电影的宣传广告中所言："地球上的数十亿居民并不知道地球将会在某一天毁灭。在一位美国科学家的警告下，世界各国领导人开始秘密地为某些社会成员的生存做准备。"[11] 另一部美国电影《初恋50次》讲述了一个男人为了追求一个患短期失忆症的女人，每天都必须想出一种有创意的新方式来与她"相遇"的浪漫故事。

勘探家还可以反向应用该三级方法，即延长我们生命中一些关键要素的生命周期。例如，可以设定这样一种有趣的电影场景：

技术突破突然使人类能够生存 500 年，因此人们可能会开始重新反思他们的生活、家庭、工作安排以及所有其他计划，从而使电影能够以戏剧性和喜剧性的方式来探讨道德准则和生活的真谛。

开放式搜索算法：二级方法 . 有效期法

在应用二级方法 . 有效期法时，勘探家也可以采用开放式搜索，即在搜索时不带任何特定目的。这可以通过如下搜索路径来实现。第一，勘探家可以尝试延长某个要素或整体解决方案的生命周期，看是否能提升解决方案的价值。第二，勘探家可以尝试缩短某个要素或整体解决方案的生命周期，并分析结果。第三，勘探家可改动某一要素或整体解决方案随时间推移的功能变化曲线（通常是加速降低功能）（例如，在生命周期过半的时间点，解决方案是保留 80% 的功能，还是仅保留 50% 的功能）。第四，勘探家可以尝试更改解决方案使用（预计生命周期）结束后的处置方式。第五，勘探家可以尝试更改解决方案中使用者对时间的感知。需要注意的是，该二级方法下还存在其他搜索算法，其他搜索算法可能会在将来被不断开发并补充进来。

注　释

1. https://www.cnbc.com/2018/11/11/alibaba-singles-day-2018-record-sales-on-largest-shopping-event-day.html.

2. https://en.wikipedia.org/wiki/El_Bulli.

3. https://www.thestorefront.com/mag/what-exactly-is-a-pop-up-shop/.

4. London, B. (1932). *Ending the Depression Through Planned Obsolescence*. https://upload.wikimedia.org/wikipedia/commons/2/27/London_%281932%29_Ending_the_depression_through_planned_obsolescence.pdf.

5. https://en.wikipedia.org/wiki/Planned_obsolescence.

6. https://www.ifixit.com/Teardown/MacBook+Pro+13-Inch+Touch+Bar+2018+Teardown/111384.

7. https://www.mckinsey.com/business-functions/sustainability/our-insights/style-thats-sustainable-a-new-fast-fashion-formula.

8. https://www.businessinsider.com/how-kfc-became-a-christmas-tradition-in-japan-2016-12#many-packages-contain-cake-which-has-been-an-important-part-of-christmas-in-japan-since-before-kfcs-expansion-in-the-country-8.

9. https://www.soletreadmills.com/warrantydetails.

10. https://www.sciencealert.com/this-biodegradable-algae-based-water-bottle-breaks-down-when-it-s-empty.

11. https://tv.apple.com/gb/movie/2012/umc.cmc.2wq140jo9jd1ut59m0cfukrit.

第 9 章

二级方法．减弱法

减弱法是一种基于单个要素内生表的二级方法，它通过减弱或去除要素或解决方案层面的某些属性来产生有价值的新方案。其逻辑是通过减弱或去除起点的一个或多个要素，来改变生产和（或）使用的方式，以此来提升解决方案的功效、增加提供者盈余、减少使用者耗费和（或）降低（不想要的）副作用来提升解决方案的价值。

搜索算法要求仔细检查要素和整体解决方案，以识别可以减弱或去除的结构、功能和数量。可以进行更改的典型变量包括：相互冲突的和（或）不想要的核心及非核心要素、人员参与、功效、规模（数量）及范围。

本章将对该二级方法下属的十二个三级方法（见表 9-1）进行详细讨论，但要注意的是这里并未囊括所有可能的三级方法，而且新的三级方法还在不断涌现中。其中有五个方法旨在提升功效，三个旨在增加提供者盈余，两个旨在减少使用者耗费，还有两个旨在降低（不想要的）副作用。还可以根据特定的搜索变量将这些方法分为四类。第一类中的三个三级方法关注起点的核心要素，通常也会涉及非核心要素：其中两个三级方法的重点在于去除非基本要素（**“仅仅核心”**致力于去除非基本要素，而**“纯净核心”**致力于去除不想要的要素），而**“部分核心”**则致力于去除核心要素中的基本要素。第二类中的两个三级方法致力于减少人员参与：**“局限人的能力”**致力于限制使用者的能力，而**“去人少人”**则致力于去除或减少解决方案中的人员参与。第三类中的四个三级方法致力于降低解决方案的功效：**“熊掌或鱼”**是指在两个相互冲突的目标中选择保留其中一个，而放弃另一个；**“专业”**是指仅保留解决方案的一部分功能；与起点相比，**“近似”**得到的结果并不完美，但成本较低；**“低剂量”**创造的解决方案只具有起点的部分功效。第四类中的三个三级方法致力于减小解决方案可使用的规模及范围：**“限量”**减少解决方案的可售数量；**“微缩”**通过创建迷你版本来减小原始解决方案的规模；**“减少资源”**减少解决方案所需耗费的资源数量。

表 9-1 二级方法 . 减弱法下属的十二个三级方法

目标	特定的搜索方向			
	核心	人员参与	功效	规模及范围
满足之前从未被满足的（使用者）需求				
找到替代方案				

（续）

目标	特定的搜索方向			
	核心	人员参与	功效	规模及范围
提升功效	部分核心	局限人的能力	熊掌或鱼 专业	限量
增加提供者盈余	仅仅核心	去人少人		减少资源
减少使用者耗费			近似	微缩
降低（不想要的）副作用	纯净核心		低剂量	
降低易受损的（风险）				
减少局限				
满足不同需求（用户、场景）				

三级方法 . 部分核心

该三级方法的逻辑是去除起点中核心要素的某些方面，使得解决方案的实施场景不同于一般应用场景。该方法通过为用户带来惊喜或运用非同寻常的实施方式，来吸引用户的注意力。通过去除某些“必要”要素的限制，该方法会促使提供者去探索一些以前未曾考虑过的方面。该三级方法的搜索算法首先要仔细解构起点，再识别出核心要素及其不同的属性，然后尝试去除某些要素（或要素的某些属性），看是否能为用户带来惊喜或产生有意义的替代方案。

广告（商务）

该三级方法已成功应用于广告业。创作出一则成功的广告异常艰难。其中一个关键原因是市场上的广告大多雷同，受众审美疲劳，这导致很多潜在消费者常将广告视为背景噪声，不加以关注。广告代理商可以运用该三级方法，尝试从某类产品 / 服务的常规广告中

去除掉一些核心要素，目的是让消费者感到惊讶和好奇而加以关注，从而创作出让消费者耳目一新的广告，为品牌的广告注入新的活力。

2017 年“递一下亨氏”（Pass the Heinz）的广告[1]就是一个成功应用该三级方法的典范。在这个广告中甚至完全没有出现亨氏番茄酱的产品画面，而是着重展现一些通常与番茄酱搭配食用的食物。该广告在美国纽约市的户外广告牌和报纸上进行广泛投放。广告中可能会展现一堆薯条、一个芝士汉堡或一块牛排，但就是没有亨氏番茄酱。该广告最终赢得了戛纳国际创意节（也称戛纳广告节）户外类和平面与印刷类金奖。

在汽车广告中，观众通常会见到三个核心要素：汽车、驾驶员（人）和道路。2002 年，Goodby，Silverstein & Partners 广告公司应用该三级方法，为土星汽车（Saturn）设计了一个名为“金属板”（Sheet Metal）的创意广告，在广告中去掉了汽车这一核心要素。该广告并没有展示汽车本身，而是展示了人们通常会使用汽车的各种场景（例如，倒车，去学校接孩子，沿高速公路行驶，在十字路口等待，在停车场停车，等等），但在广告中人们并没有在车内驾驶，而是在行走、跑步或站立。广告的结尾有一段旁白：“在设计汽车时，我们看不到任何金属板，而是那些有朝一日可能会驾驶汽车的人。”最后，广告展示了土星汽车 Vue、L 和 Ion 系列的图片[2]。

服务（商业）

Cluventure 是一家旅行社，总部位于美国密歇根州，专为客户提供定制化旅行服务。旅行顾问会访谈客户，并根据他们的喜好来设计相应的度假套餐。然而度假套餐中有一个关键要素是缺失的——旅行社直到出发当日才会告诉客户他们要去哪里度假。如果客户很聪明，他们可以在预订旅行后，根据 Cluventure 定期提供的线索来猜测他们的目的地。与常规旅行相比，这会带来更多的刺激。该公司在其网站上说：

“我们提供 100% 定制的旅行，为您设计独一无二并充满互动的旅行体验。唯一要注意的是：您事先不会被告知旅行目的地——除非您可以破解谜题！您在旅行途中会不断收到实时线索，直至您顺利到达目的地。我们的旅行专家团队会负责交通、住宿和一些活动事宜，而您只需要解开线索！”[3]

这种“目的地未知”策略也已成为品牌传播中的一环，用来引发社交媒体的关注。2016 年，中国知名在线旅游平台马蜂窝在其网站上推出了惊喜度假套餐，这是一次非常成功的社交媒体营销企划。惊喜度假套餐的定价与其他所有套餐一样，只是未披露目的地、时间和活动内容。这些缺失的信息在社交媒体上引起了广泛关注，有效强化了马蜂窝“寻找有趣的度假 / 旅行套餐”的品牌定位[4]。

迷你高尔夫是该三级方法的另一个成功应用案例。与常规高尔夫类似，迷你高尔夫球场也有球洞，但球场面积更小，而且只需要一种推杆即可。

情节（艺术）

该三级方法还可用于电影情节创作。很多电影情节要基于常规的社会背景，这限制了故事情节的创作空间，可能会使故事情节显得有些无聊。将电影情节设置在某个核心要素缺失的场景中，可以使电影制作者更深入地探索一些观念，或触及一些以前无法触及的思想。勘探家可以根据这样一种假想场景来构思情节，比如不存在任何国家，或者国家没有军队，抑或是社会中不存在任何道德规范。这种情节很可能会适合科幻或喜剧类电影。2006 年美国科幻喜剧电影《蠢蛋进化论》（*Idiocracy*）就是这样一个例子。在影片中，两个人从一个最高军事机密等级的休眠实验中醒来，惊讶地发现在 500 年后的未来社会中，求知欲、社会责任、正义都不存在了。

三级方法．仅仅核心

该三级方法的逻辑是减少或去除起点的某些非核心要素，以降低解决方案的提供成本。该方法通过降低提供者成本，将节省下来的部分成本补贴让利给使用者。而且，这样做也可能会使得解决方案更易于使用和（或）存储。该三级方法的目标是吸引那些对非核心要素并不在意的价格敏感型用户。该三级方法的搜索算法首先要仔细解构起点，然后逐个评估每个要素以识别出可以去除或减少的要素，以及这样做可能会给提供者和使用者的成本及用户体验带来哪些潜在影响。该三级方法与商业中常用的被称作

“无装饰”的策略在理念上大致相同。该方法也常常被用来为全球低收入人群设计创新产品。

产品（商业）

经济型汽车就是应用该三级方法的一个成功案例。经济型汽车的发动机和手动变速箱通常功率较低，制造原材料质量较差，采用廉价的喷漆工艺，没有隔音装置等。例如，通用汽车进军中国经济型汽车市场时，生产并销售价格在 6400 美元上下的汽车[5]。

索尼随身听（Sony Walkman）是应用该三级方法的另一个成功案例。索尼的联合创始人 Morita 要求公司的研发团队去掉传统录音机里的扬声器和录音功能，从而创造出一种人们能够边走边听的便携式设备[6]。之后随身听成为 20 世纪 80 年代电子产品领域最具影响力的发明之一，获得了巨大的商业成功。

服务（商业）

Primanti Brothers 连锁餐厅于 1934 年在匹兹堡诞生，其外观和运作方式与其他堂食餐厅并无不同，除了没有盘子和餐具。这家的三明治是放在专用的纸上进行售卖的。在 2008 年《时代周刊》（*Time*）上发表的一篇文章中，作者描述了这种实惠型用餐的趋势。在这种类型的餐厅中，重点仅仅是食物本身，用餐相关的许多其他环节（例如侍者、桌布和鲜花）都省却了，食物则盛放

在廉价的盘子里[7]。

家具零售商店通常会提供从销售、组装到交付的全程客户服务。但是宜家不提供任何此类服务，顾客需要自提并亲自动手组装家具。

商业模式（商业）

一些行业会利用该三级方法来创新商业模式，例如酒店业、航空业和零售业等。与上节中描述的服务不同，一些公司运用该三级方法来建立其核心竞争力。

第一个成功应用该三级方法的案例是廉价航空，大家耳熟能详。这些航空公司专注于航班的核心功能，即将旅客从一个地方运送到另一个地方，而消减一般航空公司通常会提供的其他福利。美国西南航空公司不允许提前选座，这样可以加快旅客登机速度，减少地面停留时间，从而使飞机能有更多时间来飞更远航程。瑞安航空公司的座位不能向后倾斜，没有后兜，也没有装载娱乐系统。通过类似做法，这些新兴的航空公司可以对价格敏感型旅客收取更低廉的价格，从而能在竞争极为激烈的航空市场上获得成功。

在美国和加拿大部分地区运营的一家新的长途巴士公司 Megabus 放弃了建造专属车站，转而在路边或购物中心停车场让乘客上下车。这一决定大大降低了其运营成本，使得该公司向乘客收取的价格比其竞争对手低得多。

在零售业，将一些非核心要素去除后，自动售货机部分取代了传统便利店。这些自动售货机仅售卖消费者通常会去便利店购买的那些商品。在日本有各式各样的自动售货机，里面售卖许多不同的商品。

日本的胶囊旅馆（在其他国家也称豆荚旅馆）也是该三级方法在酒店业成功应用的一个例子。胶囊旅馆提供的是单人床位，而不是单独的客房。每个胶囊都像是一个带床的迷你酒店房间，有些还可能配备电视。美国纽约市的 Pod Hotels 也采取了类似的做法，并宣称："我们精简了酒店住宿体验，使其变得简单：你会得到你所需要的一切，而你不需要的我们也不会提供。"[8]

约会软件 Tinder 也是基于这个三级方法来设计构建的。与其他约会软件不同的是：一般约会软件都会提供潜在约会对象的详细资料，而 Tinder 仅提供潜在约会对象的照片，而且用户只需进行简单的左右滑动，来表明他们是否有兴趣与对方见面。如果双方都表明了约会意愿，那么他们在 Tinder 上配对成功并可以开始相互联络。Tinder 一炮而红的主要原因是它仅保留了约会网站的最核心要素，那就是用户通常相信他们只要看到照片就能知道对方是否值得约会。

三级方法 . 纯净核心

该三级方法的逻辑是减少或去除起点中的不良要素，从而提高解决方案对某些用户的吸引力，即使这样做会增加成本。这有助于在不改变解决方案功效的情况下降低其副作用，并且吸引那些对副作用敏感并愿意为无副作用的解决方案支付更高价格的用户。该三级方法的搜索算法首先要仔细解构起点，再评估哪些要

素具有（不想要的）副作用（可能仅在某些情况下以及对某些用户有副作用），然后尝试减少或去除这些不良要素，看终点是否会对某些用户更具吸引力。

产品（商业）

很显然，该三级方法可应用于所有可食用的东西上。事实上，很多大型制药公司已花费数十亿美元来研发新药，这些新药不一定能提高疗效，但可以降低副作用，包括严重的（例如患癌、心律异常的风险等）或轻微的（例如头痛、腹泻、嗜睡等）副作用。

尽管该三级方法作为主要创新战略在制药行业已被应用多年，但近年来才开始被广泛应用于食品和饮料行业。这些行业的众多公司致力于从其原始解决方案中去除一种或多种不想要的成分。

健怡可乐就是一个非常成功的例子。2018 年，健怡可乐在英国的销量超过了经典原味可口可乐。此外，许多食品也推出了无糖和（或）无脂的版本。在美国有多种牛奶可供选择：全脂牛奶（脂肪含量为 3.25%）、低脂牛奶（脂肪含量为 2%）、超低脂牛奶（脂肪含量为 1%）和零脂牛奶（脱脂）。针对那些喜欢咖啡的味道和气味但不喜欢咖啡因的顾客，美国几乎所有咖啡店都会提供无咖啡因的咖啡。

近期的一个例子是由一家日本的酿造和蒸馏公司——三得利饮料食品有限公司在 2017 年开创并推出的透明茶饮料。这种饮料的制作方法是先让水蒸气通过疏松的茶叶，然后在冷凝器中冷却得到透明的液体[9]。三得利旗下品牌 Premium Morning Tea 开创了透明茶的新市场，在消费市场和行业内引发了巨大轰动。许多消费者出于好奇或怀疑会去盲测透明茶，用视频记录他们的品尝过程并传到社交媒体上进行分享。经过验证，他们最终都确信透明茶的味道就跟普通茶一样。

由于现在许多消费者开始关注动物权益，因此时装公司已开始减少甚至避免在服饰中使用动物制品。2018 年年末，香奈儿成为第一个停止使用稀有动物皮（例如蛇、鳄鱼、蜥蜴等）的奢侈品牌。和其他许多时尚品牌一样，香奈儿也决定在其时装系列中不再使用皮草制品[10]。

商业模式（商业）

显然，很多解决方案对某些用户来说有着（不想要的）副作用。如果提供者不愿或无法给出不含不良要素、没有副作用的解决方案的话，那么其他商家就会抓住这个机会，通过为这些用户去除掉不良要素、副作用来开展新业务。

VidAngel 是一家美国流媒体视频公司，它允许用户在观看视频时选择跳过那些黄色、暴力的画面。它最早于 2014 年推出基于 DVD 碟片的视频过滤服务，但曾因提供这类服务而被告上法庭。该公司于 2017 年推出了一项新服务，可为订阅者过滤掉亚马逊和网飞（美国奈飞公司）视频中那些令他们反感的内容，从而使订阅者可以观看流媒体电影和节目的“干净”版本[11]。

三级方法 . 局限人的能力

该三级方法的逻辑是限制（减少或去除）使用者惯用的某些能力，从而为解决方案的使用体验提供一个不同寻常的视角。通过限制使用者的生理、感知或认知能力，增强他们在其他能力方面的感受，从而促使他们去关注和探索那些在平时体验中被视为理所当然或常被忽略的部分。该三级方法常被用于艺术创作，用来创造那些有趣、独特且发人深省的角色，以及为使用者提供独特的体验。它通常被用于享乐场景中。该三级方法的搜索算法首先要仔细解构起点，一般主要从人的能力方面来进行解构。然后，勘探家要识别出与解构起点所得能力相关的核心要素，并尝试去除（或减少）某些要素，看看这样做能否为使用者带来好的效果。

角色（艺术）

在艺术创作中创造一个合适的角色是极具挑战性的，因为很多读者或观众非常关注角色的塑造，其关注度并不逊于他们对情节的关注。该三级方法现已被广泛用来创作各种极具特色却又发人深省的角色。以一本美国流行儿童读物为例，这本书讲述了小熊维尼和它的朋友们在百亩森林中的冒险经历。尽管这本书讲述的是有关一只小熊和它的动物朋友的故事，但故事中的角色都患有某种神经发育和社会心理问题[12]。主角小熊维尼患有注意缺陷多动障碍（ADHD）的注意力不集中亚型，经常心不在焉。小猪皮杰患有广泛性焦虑障碍，经常感到不安。猫头鹰患有阅读障碍。跳跳虎患有 ADHD 的活动过度亚型，因为它蹦蹦跳跳，从不会在一个地方长时间停留。袋鼠妈妈患有社交焦虑症，由于担忧儿子小豆的安全，对其过度保护。小兔瑞比患有强迫症，它执着于让一切井井有条。小驴屹耳患有持续性抑郁症，它总是情绪低落，经常对生活持悲观态度。由于这些角色都不是完美的，因此该系列能够探索许多可以引发读者共情的主题。

另一个应用该三级方法创作出来的著名角色是美国科幻电影《星际迷航》系列作品中的瓦肯人（Vulcan）。瓦肯人生活理性，遵循逻辑，凡事尽其所能，但没有任何情感。因为我们通常将情感视为人类物种所拥有的最强优势之一，所以通过瓦肯人的视角和行为来观察世界是件很有趣的事情。他们没有情感，因此无法感受到我们人类所经历的诸如激动和沮丧的情绪。《星际迷航》中出现的第一个瓦肯人角色斯波克（Spock）已成为该系列最受欢迎的角色之一，并成为一个流行文化符号。

服务（商业）

该三级方法也被用于为消费者创造独特的服务体验。其逻辑是限制消费者使用某种他们视为理所当然拥有的能力，从而迫使他们只能倚仗自己剩余的其他能力。这将会给消费者创造独特的体验，帮助他们更用心地感受那些他们在可充分行使能力时常常会忽视的事物。

2013 年，美国纽约市的一家餐厅 Eat 开始推出每月一次的特别晚餐。食客在特别晚餐进餐期间不许说话，每个人都必须安静地吃饭，直到所有人吃完为止[13]。这个灵感来自主厨在印度修道院中的经历，在那里信徒们总是安静地吃饭。主厨坚信安静饮食可以使食客更好地品尝食物的味道。安静饮食的规定也帮助食客避免了需要分心倾听和回应同伴的纠结，以及在嘴中含着食物时进行交谈的尴尬。因为餐厅没有任何噪声，所以食客们可以在完全安静的环境里缓慢而平静地进餐。这与在一般餐厅的就餐体验大相径庭，很多餐厅的噪声甚至可能达到损害听力的地步。

还有一种限制食客能力的用餐体验被称作黑暗餐厅。食客们会在完全黑暗的环境中进食，连他们所吃的食物都看不到。黑暗餐厅背后的逻辑是，限制食客使用视觉实际上会帮助他们提高其他感官的感知能力，使他们更好地品尝食物。与此类似，还有商家推出盲游服务，即游客们在游览时会被蒙住双眼，以提高他们其他相关感官（听觉、触觉和嗅觉）的感知能力。

三级方法 . 去人少人

该三级方法的逻辑是减少或取消起点的操作人员，以节约解决方案的提供成本，甚至可能创造出功效更高的解决方案。此举的目的是降低提供者的人力成本，以及克服操作人员的偏见、不稳定性、不可预测性及其他负面特征。终点可能比起点更快，更加客观，并且成本更低。因此，提供者可以定较低的价格，将节省的部分成本补贴让利给使用者。此举将有助于吸引那些对价格敏感，且在使用此类解决方案时并不太需要操作人员协助的用户。该三级方法的搜索算法需识别出与起点操作人员相关的要素，再逐个进行评估，然后尝试去除或减少某些要素，看是否能降低提供者和使用者的成本，以及对使用者的使用体验有何潜在影响。还有一种可能的做法是消除对专业技能的需求，以便一个专业技能稍弱的人也足以胜任。此外，该三级方法还包括减少对使用者的要求，例如减少使用该解决方案时所需承受的认知和（或）体力负担。

服务（商业）

对服务业来说，应用该三级方法的时机已经成熟。主要有两类应用方式。第一类应用方式很简单，主要通过将任务移交给使用者或采用技术替代方案来减少服务人员（或所需培训）的用量。第二类应用方式则较为复杂，因为它要在服务业中引入高新技术来代替服务人员，以达到为使用者提供更为高效的服务，或者减少使用者的认知负荷，来帮助他们做出更好决策的目标。

越来越多的快餐店会采用第一类应用方式，例如顾客可以在快餐店中使用触屏平板来自助下单。触屏已在麦当劳、Panera Bread等连锁快餐店中得到广泛应用，甚至在连锁加油站的餐厅（如Sheetz）中也有应用。随着技术的发展，机器人也可为人类执行更为复杂的任务。例如，在皇家加勒比游轮上的机器人酒吧（Bionic Bar）里，机器人调酒师可以为顾客调制鸡尾酒。

第二类应用方式通常需要引入更复杂的技术，来完成普通操作人员无法胜任的工作。2014 年必胜客推出了“潜意识菜单”（Subconscious Menu）服务[14]，即食客只需盯着看一下屏幕上面显示的 20 种配料，系统就能在 3 秒内识别出食客注视时间最久的配料，并将这些视为食客想要的配料来进行推荐。当然有人可能会质疑说，看的时间最久的配料不一定是食客真正喜欢的，可能他们只是觉得这种配料不常见，或者不熟悉，所以会花更多时间关注。然而不可否认的是，这为消费者的用餐体验带来了一个有趣的小插曲，并且消费者无须承担任何风险，因为他们可以随时修改推荐配料。与此类似，我和我的合作者基于店内实时摄像设备研究开发了一个可扩展的自动服装推荐系统，以改善顾客的购物体验[15]。该系统会在试衣间外的镜子顶端安装摄像头，用来实时记录顾客在镜子前面的试衣行为，并根据顾客在试衣过程中的面部表情和查看衣服的细节部分（即手的位置）的变化来推断出其喜欢和不喜欢哪些服装，从而给出服装试穿推荐。

促销（商业）

该三级方法还可引领创新，使线下场景中的实时个性化促销成为可能，而且这通常比人员推销更为灵敏、高效和准确。以前个性化促销需要导购员来快速准确地评估当前顾客的个性化需求和偏好，并据此进行推销。美国科幻电影《少数派报告》（*Minority Report*）中曾描绘了这样的场景：零售店可以通过扫描眼睛来识别顾客，并进行个性化促销。而随着技术的进步，这样的场景已经在现实生活中实现。在韩国首尔市的国际金融中心商场（International Finance Center Mall），导览台的摄像头可以识别出顾客的性别和年龄，然后屏幕上会出现适合其性别和年龄的广告，并相应给出购物建议[16]。

商业模式（商业）

应用该三级方法的一个非常成功的例子发生在美国的比萨店。尽管不同比萨店的具体制作步骤和成分会有所不同，但是比萨都要按照精确的步骤来制作，因此美国的比萨连锁店都可以快速提供品质一致的食物。在这种商业模式下，每家店都不需要高薪聘请资深厨师和店员，因为任何人只要遵循步骤勤加练习，都可以制作出外观和味道几乎完全相同的比萨。达美乐比萨是一个特别的例子，它将比萨的制作模式运用到其他品类上来扩展业务。2008 年，达美乐比萨推出的烤三明治大受欢迎，这使其迅速成为世界上最大的三明治外卖公司之一。在接下来的几年中，达美乐比萨继续扩充菜单，增加了通心粉、无骨鸡肉和芝士面包。达美乐（美国）公司总裁 Patrick Doyle 说："我们的店内配有价格高达三万美元的高档烤箱，在 450℃高温下烘烤三明治。这给了我们让竞争对手无法企及的巨大质量优势。"[17]

另一个非常成功的快餐店经营模式是流水线制作。以赛百味为例，员工会按照顾客的配料要求来逐步制作三明治。Chipotle

和其他许多墨西哥餐厅也都采用了这种按需定制的流水线制作模式，并取得了巨大的成功。

上海的一家名为“熙香”的餐饮公司也运用这种模式来制作中餐，目标客户定位为白领午餐人群。该公司不再聘用厨师来专门制作菜肴，因为厨师通常工资不菲、出品不稳定且不好管理，而是聘请厨师和 IT 专业人员共同研发。通过将高端德国烤箱和相关设备与定制化计算机程序相结合，现已开发出了 300 多道中餐菜肴的烹饪方法[18]。

随着技术的不断发展和成熟，零售业中的大部分员工被机器取代只是时间问题。亚马逊在美国西雅图和芝加哥都设有无人超市，这些无人超市中没有收银员，而是使用数百个摄像头和传感器来监测跟踪人们的购买情况，无须通过收银员结账。在中国，一些创业公司和零售巨头（例如阿里巴巴）也已采用类似科技涉足相关领域。

三级方法．熊掌或鱼

该三级方法的逻辑是确定起点是否存在相互冲突的目标。如果起点的目标相互冲突，则必定要进行折中处理，这就意味着相互冲突的这几个目标都只能部分实现。可以通过放弃其中一个目标（及其相关要素），使终点其他（不冲突的）目标得以最大化实现。该三级方法可用来构建一个目标之间不相冲突的解决方案，以免需要折中而牺牲其中一个目标的潜在效用来平衡另一个与之相冲突的目标。如果不需要进行折中处理，则也许可能构建出更好的解决方案，来充分实现原有目标中没有冲突的部分。该三级方法的搜索算法首先要仔细解构起点，并了解与起点相关的目标。如果存在相互冲突的目标，则勘探家可以尝试去除或修改其中某个冲突目标的要素，然后可修改其他要素，以最大限度地实现保留下来的那部分目标。

产品（商业）

文胸就是一个应用该三级方法的很好的例子。文胸的最初设计目标是为女性胸部提供更好的支撑并增加舒适度。然而，随着时间的推移，出现了第二个目标，即增强形体美感。现在第二个目标也已成了流行文化的一部分，然而第二个目标通常与最初的舒适目标是相互冲突的。面对这两个相互冲突的目标，文胸制造商开始在设计上做出妥协，它们通常会选择牺牲舒适度来增强形体美感，很少能做到两者兼具。美国内衣品牌维多利亚的秘密（Victoria's Secret）就是利用这个三级方法的一个很好的例子，它几乎完全专注于第二个目标，将文胸当作增强性感的时尚单品来进行设计。然而，中国内衣品牌——内外（NEIWAI）却采取了恰好相反的做法，它将设计重点全部放在增加舒适度上，毫不关心如何来增强性感和女性魅力。内外的文胸几乎没有任何装饰，设计非常简约。尽管如此，该品牌已经拥有了一大批忠实用户。正如内外创始人所言："我想创造一个这样的品牌：它不会扭曲、压抑或物化女性的身体，而是让她们感到舒适和快乐。我认为这是一种更高级的性感。"[19]

服务（商业）

该三级方法也被广泛应用于服务业，并且大获成功。通过识别不同消费者之间相互冲突的偏好，选择为其中一个细分市场提供极致的服务。

美国有线电视新闻网（Cable News Network，CNN）和福克斯新闻频道（Fox News）都因采用该三级方法而大获成功。根据价值观和对政府角色的看法（以及其他方面），可以将美国民众大致分为三类：共和党、民主党和自由党派。其中共和党人和民主党人通常对新闻事件有着截然不同的看法，偏好的新闻类型也完全不同。假设人们身处于一个完美的世界，那么大家应该愿意倾听所有的事实和观点，但大家真实生活的世界并不完美，而且拥有的时间也极其有限。因此，CNN 成了民主党人的首选新闻频道，而福克斯新闻频道则成为共和党人的首选。这两家媒体都会有意筛掉其目标观众群体不想看到的新闻和评论。通过剔除对立的观点和新闻报道（这显然不是新闻从业者该有的行为），并夸大其目标观众群体喜欢看的观点和新闻，这两家媒体取得了巨大的成功，收视率超越了三大巨头（ABC、CBS、NBC）。通过站队并报道有失偏颇甚至是充满偏见的新闻内容，CNN 和福克斯新闻频道都在极力避免提供那些可能会令其目标观众不快的新闻内容。

该三级方法另一个极为成功的应用是美国赌城拉斯维加斯的定位。拉斯维加斯的定位曾在赌博目的地和家庭度假区之间游移不定。2000 年，拉斯维加斯市政府决定摒弃“欢迎所有人”的传统旅游策略，将自身作为“成年人自由”的目的地来进行推广。2003 年，该市推出了一项主题是“在这里发生，在这里结束”（what happens here，stays here）的历时很久且令人印象深刻的推广活动，这个推广活动帮助巩固了其作为“成年人自由”的目的地的定位。现在，很多美国人一听到这句宣传语，就会立刻联想到拉斯维加斯。这项推广活动的目标是将拉斯维加斯打造成这样一个地方：普通人在这里可以参与那些在其他地方难以体验到的、独特而激动人心的活动，从而逃避日常生活的压力。这个推广活动并不是鼓动游客去做任何不道德的事情，而是鼓励游客去做一些他们平时在家做不了，或受到日常身份（例如父亲、执行官、教授）的限制而不会去做的事情[20]。这项推广活动之所以大获成功，是因为拉斯维加斯特意移除了酒店和景点中那些专为幼儿服务的要素（这在 20 世纪 90 年代相当普遍），以降低本地对幼儿的吸引力，从而能够集中城市的资源，来最大化地满足成年人的体验需求。

商业模式（商业）

在共享出行市场上，许多竞争对手为了争夺市场领导者地位，花费了大量资金给司机和乘客补贴。在中国市场上，嘀嗒名列前茅。嘀嗒更专注于出租车服务。2018 年，嘀嗒在苹果客户端的下载排名连续多月位居前列。尽管嘀嗒成功的背后有很多因素，但聚焦出租车服务的战略决策清晰地体现了其对熊掌或鱼这个三级方法的应用。出租车司机讨厌那种既对出租车司机开放，也向

"业余"（网约车）司机敞开大门的共享出行平台，因为"业余"司机从他们手中抢走了生意。但是他们又需要通过这种共享出行平台来获取客流，维持生意。通过消除利益冲突，嘀嗒只向出租车司机提供服务，因此出租车司机很有动力来推广和使用这款软件。

三级方法 . 专业

该三级方法的逻辑是识别起点的可用功能，去掉某些功能及其相应要素，同时优化其他要素，专注于保留下来的那些功能。目的是通过专注于部分常见功能，提供者可以提高其专业水平和效率（无论是真的提高了，还是只是感觉提高了），以使得解决方案对使用者更有吸引力。该三级方法的逻辑与"万事通而不精"恰好相反。该三级方法的搜索算法首先要仔细解构起点，以了解其功能，然后尝试去掉起点（及其要素）的某些功能，看是否能增强其他功能［和（或）让用户产生这种功能增强的感知］。该三级方法与三级方法 . 熊掌或鱼的不同之处在于：前者的起点不一定要包含彼此相互冲突的目标，而仅仅是有多个目标。

产品（商业）

索尼公司旗下有一款名为 Digital Paper 的电子阅读器。Digital Paper 采用索尼独家技术，融合了真实纸张的简约与数字设备的便利，能够存储大量文件，还可进行搜索和注释，以及在不同设备间共享文件和信息。这款电子阅读器经过精心设计，硬件功能强大，配有 Intel Core ™ 2 Duo 2.0 GHz 处理器和 16GB 的存储空间，可以保存多达一万个 PDF 文件。尽管 Digital Paper 阅读器具有丰富的潜在功能，索尼还是采用了三级方法 . 专业，战略性地限制了其功能：只能对 PDF 文件进行阅读、注释和做笔记。然而，消费者能以同等的价格（13.3 英寸的 Digital Paper 产品定价 699 美元）购买到功能更多的平板电脑。索尼官网的“常见问题解答”部分列出了这样一个问题：“ Digital Paper 阅读器是否支持网页浏览？”索尼的回答是：“目前尚无软件更新计划，以支持 DPT-RP1 Digital Paper 的网页浏览。”[21]

服务（商业）

在服务业，很多商家常常特意限制解决方案的功能，并专注于开发某些专业技能，从而让消费者加深对其专业性的认知。

美容美发行业就是这样一个例子。以前，男人去理发店理发，而女人去美容院理发。后来，同时为男性和女性顾客提供全方位服务的美发沙龙逐渐成为常态。然而，最近的趋势又开始回到专业化，很多沙龙开始只为单一性别顾客群体提供服务[22]。在旅游业，越来越多的旅行社选择专精于某一类型的旅行，例如蜜月、家庭度假、狩猎，或是那些以步行、远足、骑行、帆船运动等活动为重点的特色旅行[23]。也有许多旅行社只在特定区域提供服务。

该三级方法还常被用于餐饮业。许多餐厅仅提供某一种类型的菜品（例如，意大利菜、中国菜），甚至在中国菜这个类目下，餐厅也可能专攻粤菜、川菜或上海菜。有些餐厅还可能专注于使用某类食材，例如素食餐厅。在中国，一些购物中心里常常有一家或多家专注做鱼的特色餐厅，这些餐厅通常选用两到三种鱼来做菜。在美国，有两家非常成功的快餐连锁品牌——肯德基和福乐鸡，其店内只提供少数几种肉类（如鸡肉）做成的食物。

三级方法 . 近似

该三级方法的逻辑是提供一个与起点相比不够完善但价格更低的解决方案，目的是降低使用者耗费。这也可以通过降低提供者成本、将节省的部分资金补贴让利给使用者来实现。该三级方法的搜索算法首先要仔细解构起点，再找出那些在功能未受限时可能功效不佳的要素，然后尝试削弱这些要素的功能，看是否能减少终点的副作用。

产品（商业）

勘探家可以通过减少产品的差异性，让使用者更容易做出决策。中餐在美国的本地化案例是该三级方法的一个有趣应用。正宗的中餐通常每道菜都需要使用特殊的（通常是定制或混合的）调料，但在美国很多普通中餐馆只会用几种简单的调味酱汁来烹饪。

在这些中餐馆里，菜单上的大多数菜都只是简单将这些调味酱汁与不同肉类（通常切割方式一致）和不同蔬菜搭配组合在一起。尽管这些改良过的菜肴与原来的菜品存在很大区别，但这样的组合方式更易于让一般美国人理解中餐，并知道如何点餐，这有利于中餐在美国的普及。同时，将原来的菜谱进行近似处理，还可以提高餐厅的运营效率、降低成本。

定价（商业）

该三级方法也被应用于定价。提供者致力于根据顾客的支付意愿（Willingness to Pay，WTP）来为产品或服务定价，但这会导致同一类别下的产品或服务存在巨大的价格差异，因为不同顾客的支付意愿差异很大。这就需要顾客在差异不大的功能和价格之间反复权衡，并努力在更优的功能和更高的价格之间进行取舍。这种权衡很费脑力，需要很多的技能和动力，但大多数消费者并不具备相关技能和动力。因此，一些商家选择简化其产品定价结构，这样消费者就不需要在购买前进行复杂的权衡。例如，在很多比萨店里，不论何种配料，每份价格都一样。在必胜客 2018 年推出的新菜单中，每种菜品售价均为 5 美元（称为 5 美元阵容）。这样一来，顾客下单变得更容易，无须花费大量精力来计算哪些菜品在扣除价格后价值更高。一些折扣店甚至采用此三级方法来定位，对店内所有商品都定相同价格（例如，0.99 美元、5.99 美元、9.99 美元）。

三级方法．低剂量

该三级方法的逻辑是削弱起点某些要素的功能，使它们仅在特定条件下有效，或降低其整体功效，目的是降低起点的不良副作用。该三级方法的搜索算法首先要仔细解构起点，再评估哪些要素在不限制其功能时会产生不良副作用，然后尝试削弱这些要素的功能，看是否能降低终点的不良副作用。

传播（商业）

一家西班牙基金会设计了一款特别的海报，来推广受虐儿童求助热线。在很多情况下，施虐者可能就在受虐儿童身边，会故意不让他们看到海报。为了解决这个问题，海报采用了独特的印刷技术，只有矮个子的人（身高相当于10岁及以下儿童的）才能看到求助信息（例如，“如果有人伤害了你，请给我们打电话，我们会帮助你”），而高个子的成年人看到的只是一张孩子的图像[24]。

产品（商业）

一般药物会有各种副作用。降低此类副作用的一种方法是服用较低的剂量。尽管医生可能不建议这样做，但长期研究表明，低剂量药物也可达到相同的疗效，而副作用却会大大降低，这在最近一项针对高血压的研究中已被证实[25]。在消费品领域，低酒精度啤酒与普通啤酒相比，其酒精含量大大降低。例如，百威精选啤酒 55（Budweiser Select 55）的酒精含量仅为 2.8%。

三级方法 . 限量

该三级方法的逻辑是限制可供使用者购买的解决方案的数量。目的是形成稀缺性，使解决方案对使用者更具吸引力。该三级方法简单易懂，不需要运用其他搜索算法。当然，仔细地评估以确定具体的数量还是非常有必要的。该三级方法可被应用于许多不同的场景，包括产品、促销以及商业模式。

产品（商业）

在产品领域，该三级方法被称为限量版（Limited Edition，LE）策略。许多品牌都采用这种策略，纷纷推出限量版，有时也称其为特别版或珍藏版。许多品牌还会在其产品线中加入限量版产品。限量版产品具有专享性，因此有些消费者愿意支付更高的价格购买。有时这种策略还可以用来吸引新顾客，否则他们对该品牌不会有任何兴趣。限量版策略最初由出版商发明和使用，他们用最优质的纸张来印刷图书，如今这种策略已被各行各业广泛应用，推出诸如设计师款服饰、汽车、图书、印刷品、美酒、威士忌等限量款产品。以汽车业为例，马自达公司（Mazda）在

2016年限量生产了MX-5 Miata 25周年纪念版，在美国市场上限量发售100辆。

促销（商业）

在促销场景中，该三级方法通常被称为“先到先得”（While Supplies Last）策略。卖方声明将以折扣价出售商品，售完即止。最简单的方法是显示剩余数量。例如，在达美航空公司网站（Delta.com）上，当用户搜索某个航班时，在价格下方会以红色标注“当前价位还剩余X张机票”（其中X是一个数字）。这种策略并不会妨碍公司（例如达美航空公司）在之后再做一个相同（或类似）的促销活动，因此促销方式可以非常灵活。

商业模式（商业）

如果使用得当，还可以基于此三级方法来制定新的商业模式。香港的一家珠宝店Darry Ring就是这样做的。它为顾客制定了一条特殊规则：每位顾客凭身份证一生只能定制一枚求婚钻戒。其网站上表明：“在Darry Ring，我们相信婚姻是一生真爱的最高承诺。”[26] Darry Ring应用此三级方法为购买者和受赠者都增加了该品牌求婚钻戒的价值。求婚钻戒象征着爱与承诺，而Darry Ring则通过让顾客进一步证明未来会遵守这个承诺的方式，增加了钻戒的价值。显然，该公司可能会失去未来再婚的顾客，但因此额外获得的新顾客以及更高的定价足以弥补这部分损失。

三级方法 . 微缩

该三级方法的逻辑是缩小起点的规模，以减少提供解决方案的成本，进而减少使用者在价格、精力、风险或承诺方面的成本。该三级方法主要被用于实现两个目标。首先，它迎合了那些可能只喜欢小版本解决方案的用户，因为他们可能对价格敏感，关注环保，或者受到空间及其他因素的制约。其次，它鼓励用户尝试新的解决方案，因为规模小，所以潜在的不利影响也小，并且还鼓励用户重复使用。该三级方法的搜索算法非常简单，因为它仅需要缩小起点关键要素的规模或是缩小起点本身，以实现上述其中一个或全部目标。与二级方法 . 减弱法里其他三级方法不同的是，这个三级方法通常会保留起点所有的功能和结构，但规模要小得多。该三级方法经常被用于商业中的产品、服务和商业模式创新。

产品（商业）

最近在美国，一些食品公司相继推出了 100 卡路里的零食包装。该策略取得了巨大的成功，年销售额超过 2 亿美元[27]。纳贝斯克（Nabisco）旗下全球知名的曲奇和薄脆饼干品牌，例如趣多多、奥利奥和乐芝，都推出了 100 卡路里的小包装。这种策略之所以成功，是因为大家都有这样的习惯，即经常会不知不觉中把一包零食吃完，而没有意识到自己吃了多少。因此，100 卡路里的小包装可帮助消费者控制摄入量，来应对这个习惯。消费者喜欢这种包装，甚至许多消费者愿意为这些小包装支付与常规包装几乎相同的价格。

缩小规模的另一个动因是要迎合那些积极关注可持续发展并希望将其对环境的影响降至最低的消费者。人们对体积小但功能齐全的产品的需求推动了小型房屋和汽车的销售。例如，戴姆勒股份公司（Daimler AG）旗下的微型汽车品牌 Smart 就大获成功，而非常成功的英国汽车品牌 Mini（现已被宝马公司收购），持续推出了一系列小型汽车。

服务（商业）

主流新闻媒体推出的一分钟新闻节目是服务业应用该三级方法的一个很好的例子。听众通常很忙，也有很多选择，对大量的信息感到厌烦，因此他们希望花最少的时间来了解当下要闻。BBC 推出了“一分钟世界新闻”（One-minute News Program）节目，而美国广播公司（ABC）则宣称可以“在一分钟内让你了解所有的时事、人物和地点”。

零售（商业）

现在许多大型零售商采用迷你商店的形式来触达消费者，这些消费者往往由于距离和位置等原因，不在其正常规模商店的服务覆盖范围内。例如，塔吉特（Target）已在美国芝加哥、纽约等城市，以及大学校园内（例如美国宾州州立大学的帕克分校）开设了迷你商店。截至 2018 年年中，塔吉特已开设运营 65 家迷你商店；到 2019 年这个数字预计将攀升到 130 家[28]。㊀

迷你零售形式也可应用于购物中心或城市层面。日本东京市的金盖（也被称为黄金区）由几个挤满小酒吧的街区组成，里面有些酒吧小到只能容纳几位顾客。然而，这种小酒吧由于店面很小，降低了运营成本，使经营者可以专注于提供独特的产品和服务。更重要的是，顾客可以在一晚上光临许多家酒吧，享受各种不同的体验。在某种程度上，这跟集市和排档这些传统零售形式有点类似，每个摊贩占据一小块空间，顾客可以在同一地点接触到五花八门的产品。

三级方法 . 减少资源

该三级方法的逻辑是重构起点的要素，使终点可由不同要素构成，而不是像起点一样只由一种要素构成。目的是通过用较便宜的原料来部分替换原来要素中昂贵的原料，以降低提供者成本。将原来的（昂贵的）原料与新的（便宜的）原料结合使用，可以降低总体生产成本。该三级方法的搜索算法首先要仔细解构起点，再评估哪些要素使用了昂贵的（稀缺的）原料，然后尝试用较便宜的（常见的）原料来部分替换原来的原料，看是否能维持解决方案的功效。

㊀ 截至 2023 年年初，塔吉特已开设运营约 150 家迷你商店。——译者注

产品（商业）

该三级方法在产品设计中的一种应用是将廉价和昂贵的材料混搭在一起。这种做法在餐饮界非常普遍：昂贵的菜肴通常由稀有昂贵的食材搭配普通食材制作而成。服装设计也是如此，将昂贵的材料仅用作装饰，或是整体设计的一部分。在汽车行业，座椅的某些部件会用到皮革，而其他部件则用较便宜的材料制成。这些策略都减少了昂贵原料的使用。

另一种应用是将原本实心的要素变成空心的，同时保留其结构的完整性和强度。高端 3D 打印机通常会打印完全实心的模型，这使得大型物体的 3D 打印非常昂贵。因此，设计师们想办法打印出空心的模型，以降低材料成本[29]。这项技术现在已普遍应用于建筑领域。例如，空心黏土砖通常只需用到不到普通砖一半的水泥和沙子，而且由于重量轻，更易于用在建筑施工中。Think LightWeight 是加拿大一家擅长用轻巧而坚固的空心制品替代实心产品的公司。其产品的核心层由重量更轻、价格更便宜的材料制成，但具有与实心产品有相同的强度[30]。这种策略也被应用于塑料生产，以减少材料的使用和减轻产品的重量。聚氨酯是一种结合了塑料和橡胶优点的聚合物，可用于制造各种中空结构[31]。

传播（商业）

该三级方法还被广泛用于传播领域，尤其是广告排期，可以在达到相同广告效果的同时节省投放费用。广告排期决策涉及广告在给定时间段（例如一年）内的投放时间和渠道。广告排期大致可分为四种类型：突击型（单点集中的广告投放）、持续型（在给定时间段内相对稳定的投放）、间歇型（间歇不规律的投放，间隔期间无广告投放，但间隔时间较短）以及跳动型（类似于间歇型，但间隔期间仍然有低水平的连续广告投放）。在后三种长期广告排期策略中，持续型花费最高。间歇型，尤其是跳动型，就是运用了这个三级方法来减少资源耗费，同时在市场上维持曝光度的例子。

开放式搜索算法：二级方法 . 减弱法

在应用二级方法 . 减弱法时，勘探家也可以采用开放式搜索，即在搜索时不带任何特定目的。这可以通过如下搜索路径来实现。勘探家可以尝试减少或去除某个要素（包括核心要素）或该要素的一部分，减少人员参与，降低或去掉某些功效，以及 / 或者减少起点的规模（数量）及范围，看能否提升解决方案的价值。需要注意的是，该二级方法下还存在其他搜索算法，这些搜索算法可能会在将来被不断开发补充进来。

注 释

1. https://www.adweek.com/creativity/the-unlikely-journey-of-3-heinz-ketchup-ads-from-mad-men-to-the-real-world-to-cannes/.

2. https://www.adweek.com/brand-marketing/goodby-unveils-saturn-campaign-58103/.

3. https://cluventuretravel.com.

4. https://baike.baidu.com/item/%E6%9C%AA%E7%9F%A5%E6%97%85%E8%A1%8C/19971535.

5. https://www.reuters.com/article/us-china-autos/gm-ups-capacity-in-no-frills-china-car-market-idUSBRE8AH07E20121118.

6. https://content.time.com/time/nation/article/0,8599,1907884,00.html.

7. http://content.time.com/time/specials/packages/article/0,28804,1859855_1859854_1859704,00.html.

8. https://www.thepodhotel.com/our-story.html.

9. https://www.straitstimes.com/lifestyle/food/fairprice-to-bring-in-more-stocks-of-sold-out-japanese-transparent-milk-tea.

10. https://www.bbc.com/news/world-europe-46449396.

11. https://variety.com/2017/biz/news/vidangel-netflix-amazon-filtering-launch-1202464295/.

12. 谢伊（Shea S.E.）、高登（Gordon，K.）、霍金斯（Hawkins，A.）、克瓦查（Kawchuk，J.）和史密斯（Smith，D.）（2000）. 百亩森林中的病理学：基于 A.A. 米尔恩的神经发育视角（Pathology in the Hundred Acre Wood: A Neurodevelopmental Perspective on A.A. Milne）.《加拿大医学协会期刊》(*Canadian Medical Association Journal*)，163（12）：1557-1559.

13. https://www.theguardian.com/lifeandstyle/2013/oct/10/silence-restaurant-eat-without-saying-word.

14. http://time.com/3613220/pizza-huts-subconscious-menu/.

15. https://pubsonline.informs.org/doi/10.1287/mksc.2016.0984.

16. https://www.marketplace.org/2012/10/10/tech/south-korea-mall-says-hello-shopper-nice-see-you.

17. https://www.qsrmagazine.com/news/dominos-launches-baked-sandwich-line.

18. https://cn.technode.com/post/2017-06-06/xixiang/.

19. http://www.chinadaily.com.cn/business/2016-03/07/content_23762674.htm.

20. https://www.thrillist.com/travel/nation/what-happens-in-vegas-vacations-ad.

21. https://www.sony.com/electronics/support/articles/00177773.

22. https://www.elle.com/uk/beauty/a22587569/rise-of-the-all-male-beauty-salon/.

23. https://www.responsibletravel.com/holidays/responsible-tourism/travel-guide/the-rise-of-specialist-tour-ops.

24. https://www.dailymail.co.uk/sciencetech/article-2320324/The-anti-child-abuse-poster-seen-children.html.

25. https://www.cardiosmart.org/News-and-Events/2017/07/LowDose-Meds-Promising-for-Patients-with-High-Blood-Pressure.

26. https://www.darryring.com/en/.

27. https://abcnews.go.com/Health/story?id=5373173&page=1.

28. https://www.forbes.com/sites/barbarathau/2018/05/31/target-solidifies-bet-on-higher-sales-generating-small-stores-amid-retails-mini-me-push/#ad093184f03f.

29. https://formlabs.com/blog/how-to-hollow-out-3d-models/.

30. https://thinklightweight.com/about-us/.

31. https://www.polarttech.com/producten/hollow-products/.

第 10 章

二级方法.增强法

增强法是一种基于单个要素内生表的二级方法，它通过增强要素或解决方案中某些属性的规模（数量）或功能，来产生有价值的新方案。它还包括将某个要素从可选变为必需。

增强法的逻辑是通过增强起点（或其要素），来支持多任务处理，以获得满足不同场景需求的能力，以及（或者）增加新功能，来提高解决方案的功效。

增强法的搜索算法要求弄清如何增强要素和整体解决方案的结构、功能和数量。此二级方法下可以更改的典型搜索变量包括：①将多个（相同或类似）要素组合后可形成有用整体的要素；②人员；③功能；④规模（数量）和范围。

本章将对该二级方法下属的十个三级方法（见表 10-1）进行详细讨论，但要注意的是这里并未囊括所有可能的三级方法，而且新的三级方法还在不断涌现中。其中有七个方法旨在提升功效，一个旨在满足之前未被满足的（使用者）需求，一个旨在降低易受损的（风险），还有一个旨在满足不同用户、场景的需求。还可以根据特定的搜索变量将这些方法分为四类。第一类中的六个三级方法致力于增加解决方案中某个要素的使用数量，以实现各种功能：**“合作低聚物”**致力于使多个相同要素协同工作，以实现与起点根本不同的目标，而且这个目标也是起点无法实现的；**“嵌套”“对比低聚物”**和**“分散低聚物”**这三个方法致力于提升起点的功效；**“冗余”**通过增加同一要素的使用数量来减少故障风险，而**“变体”**针对同一要素设计多个略有不同的版本，来满足不同用户、场景的需求。第二类中只有一个三级方法，即**“夸大人的能力”**，是指极大提升人的能力、资源或机会，不论是真的提升还是只是感觉上提升了。第三类中也只有一个三级方法，即**“放大功能”**，是指增强起点的功能，但不增加现有要素的数量。第四类中的两个三级方法致力于扩大规模：**“无限数量”**让用户可以（几乎）无限次地使用解决方案，而**“超大”**则增加了原始解决方案的规模。

表 10-1 二级方法. 增强法下属的十个三级方法

目标	特定的搜索方向			
	低聚物	人员	功能	规模和范围
满足之前从未被满足的（使用者）需求	合作低聚物			
找到替代方案				
提升功效	嵌套 对比低聚物 分散低聚物	夸大人的能力	放大功能	无限数量 超大

（续）

目标	特定的搜索方向			
	低聚物	人员	功能	规模和范围
增加提供者盈余				
减少使用者耗费				
降低（不想要的）副作用				
降低易受损的（风险）	冗余			
减少局限				
满足不同需求（用户、场景）	变体			

三级方法 . 合作低聚物

该三级方法的逻辑是增加起点某个要素的数量，以提升解决方案的功效，从而满足之前从未被满足的需求。该三级方法还可以通过使解决方案更快、更好或更准确，来提升解决方案的功效。该三级方法的搜索算法首先要仔细解构起点，再评估哪个要素在其数量成倍增加的情况下有可能实现新功能，然后搞清楚多个相同要素之间如何相互作用，来协同实现起点中当前要素数量所无法完成的任务。

产品（商业）

该三级方法主要被应用于产品创新领域。餐桌上的转盘就是应用该三级方法进行产品创新的一个例子。如图 10-1 所示，它实际上是在餐桌顶部放置了两张桌板，桌板通常被设计为圆形。具体来说，一个小的可旋转的桌板（也称为转盘）被固定在大桌板之上，从而为餐具、餐盘和饮料留出放置空间。给食客共享的食物和其他物品放置在转盘上，这样每位食客都可以通过旋转转盘而轻松拿到食物，无须他人或服务员帮忙。这个发明很快在中国、美国以及其他一些国家传播普及开来。现在，这种餐桌转盘在中餐馆十分常见[1]。

图 10-1　中餐馆里的餐桌转盘

吉列公司也应用这个三级方法来重塑其剃须刀产品。吉列在 1971 年推出的 Trac 2 剃须刀是有史以来第一款双刃剃须刀，而在此之前剃须刀都只有一枚刀片。在吉列的这款双刃剃须刀中，第一枚刀片用于立起胡须，而第二枚刀片用于修剪胡须。1998 年，吉列推出它的第一款三刃剃须刀——“锋速 3”，其在同一个刀架中安装有三枚平行的刀片。第一枚刀片用于立起胡须，第二枚刀片将其修剪，而第三枚刀片则贴近皮肤再次进行修剪。三枚刀片

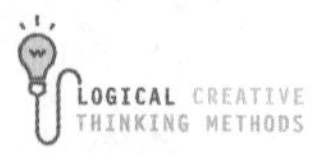

协同工作，使得整个剃须过程更加顺畅。时至2020年，消费者可以购买到含有五枚减摩刀片的吉列“锋隐”剃须刀。

爬梯车是该三级方法被应用于产品创新的另一个例子。一般的推车只有两个轮子，而爬梯车通常有两个三轮底盘（共六个轮子）。其中两个轮子可将推车牢牢固定在台阶上，另外两个轮子向上踏到高一级台阶，而剩下的两个轮子悬在空中准备接下来再上一级台阶，从而使用户能够轻松地将车推上楼梯，或轻松平稳地越过路沿和其他障碍物。

许多公共建筑物的入口处都有两组门，形成了一个习惯上被称作前厅的空间。这两组门很少同时打开，目的是防止建筑物内的冷（暖）气溢出，也防止外面的热（冷）空气进入建筑物内。

另一个常见的例子是食品和饮料容器的双层设计，例如真空隔热不锈钢的容器，如杯子。通常来说，内层放置饮料或食物，而外层则与用户的手和外部环境相接触。两层之间可以充空气或特殊气体，或者抽成真空。双层之间的空气或真空隔层限制了能量（温度）的传导，从而使食物或饮料能长时间保温，并防止外层过冷或太烫，便于用户拿取。

三级方法．嵌套

该三级方法的逻辑是增加起点要素的数量，使它们相互嵌套。该三级方法通过创造协同效应来提高效率，从而降低提供者和使用者的成本，以及（或者）通过提高解决方案的复杂性来提升价值。该三级方法的搜索算法要仔细解构起点，然后尝试复制或增加某些要素（甚至是整体解决方案），看是否能通过嵌套的方式来提升解决方案的功效。通常来说，需要减小一些要素的规模（大小）来适应其他要素。

零售（商业）

一些大型零售商，例如百思买（Best Buy）和梅西百货（Macy's）等，已经在使用这个三级方法来进行创新。嵌套的方法可让公司在不同品牌之间建立协同效应，也可让消费者在同一地点造访多家品牌商店，从而降低了零售商的引流成本，也降低了消费者前往多家商店的交通和时间成本。

百思买公司积极应用了这个三级方法，并称其为“店中店”概念。一家百思买卖场汇聚了多个品牌的小商铺，例如苹果、三星和微软。此外，百思买迷你商店还进驻了梅西百货，占地面积约 300 平方英尺（约 28 平方米），迷你商店内的服务人员均为百思买员工[2]。

情节（艺术）

在文学创作中，该三级方法被称作“故事套故事”，广泛应用于小说、戏剧和电视节目的创意过程中[3]。有时，作者甚至会采用更深层次的连环套的叙事结构来进行创作。连环套的叙事结构使作者能通过不同角色来发声，将情节补充完整。这种叙事手法将角色塑造得更为丰满，也将故事讲得更加有趣。

该三级方法还可用于摄影艺术中。摄影师可以用相机抓拍那些正在拍照的人，来创造出有趣的照片。这种拍摄手法有助于揭秘一些特定事件和（或）人物的幕后故事，但更重要的是，能捕捉到人物在那个时间和那个地点的一种独特状态。有些摄影师特别喜欢拍那些正在拍照的人，以此来进行创作。例如，有个摄影师决定拍摄那些在博物馆拍艺术品的人，因为他认为这样的照片很有故事感[4]。

三级方法 . 对比低聚物

该三级方法的逻辑是通过增加起点中要素的数量，为用户提供与起点迥然不同的效果。目的是通过突出差异来丰富用户体验，从而提升解决方案的功效。此三级方法的搜索算法首先要仔细解构起点，然后逐个评估要素，看是否能通过增加某个要素的数量并且让要素产生一些变化，来为用户提供跟日常相比迥异而独特的体验。跟日常鲜明的对比会给用户带来更为复杂有趣的体验，或者这种对比也可通过突出要素之间的差异来传达某种信息。

产品（商业）

该三级方法经常被用于食品和饮料行业。勘探家可以从特定的风味出发，来尝试发掘出更多风味。炸汤圆配酸菜和辣椒这道菜很受一些人欢迎。在这个创新中，起点是传统中餐里的汤圆，里面包着甜芝麻馅，通常用煮的方式烹饪。终点保留了汤圆的甜味，但增加了另外两种口味：酸味和辣味。这种做法也常被用来开发新口味的坚果，在传统咸味的基础上添加一些别的口味，例如甜咸搭配，甚至是甜咸辣三种口味搭配。在食物中搭配多种口味是为了让不同口味形成对比，从而为消费者带来独特而丰富的口感。

促销（商业）

在应用该三级方法进行促销时，通常会将使用产品或服务前后的状态进行对比展示。例如，医药广告中经常会展示患者服药前后的对比照片。减肥产品的广告中通常会展示一个人采用减肥产品一个疗程前后的身形对比。与此类似，健身房的广告中常常会展示人们在定期健身前后的对比照片。进行对比展示的目的是通过前后状态的对比，来强调诸如采取某种行为后的效果提升。该三级方法还可被用于强调未使用某种产品或服务前后的状态对比。环保组织也经常使用该三级方法来展示如果我们不好好地保护环境和物种多样性，我们子孙的世界将会是什么样子。

情节（艺术）

该三级方法还可被用于故事情节创作。例如，可以创造这样一个有趣的情节，让几个（几乎）相同的角色来执行相似的任务，看观众能否通过对比区分出他们。《隐藏的歌手》（*Hidden Singer*）

这档韩国音乐综艺节目就很好地运用了该三级方法来创作节目，由于其播出效果很好，亚洲其他国家也相继推出了类似的节目。每期节目都会邀请一位著名歌手和几位模仿者同时登台进行几轮表演，通常在表演时会用帷幕挡住他们。观众要在每一轮表演结束后将他们认为不是真正歌手而是模仿者的表演者投票选出去，直到他们选出认为是真正歌手的表演者，作为当期节目的获胜者。

三级方法. 分散低聚物

该三级方法的逻辑是增加起点中要素的数量，来分散执行解决方案的原始功能。目的是通过分散后每个要素更有效的运作，来提升整体功效。该三级方法通常会先缩小原始要素的规模，再进行大量复制，但这并不是必需的。该三级方法的搜索算法首先要仔细解构起点，再评估看哪些要素的功能可以通过分散执行来提升功效。

产品（商业）

该三级方法最重要的一个应用在计算机行业。分布式计算现已成为一种常用的计算方法，其原理是多台联网的计算机通过相互发送信息来分工协作。分布式计算具有很多优势。例如，使用一组低性能的（通常也是更便宜的）计算机来取代一台高性能的（通常也是更昂贵的）计算机来执行同一任务的成本可能会更低。它同时还兼具灵活性，因为用户可以根据当前任务，动态调整分布式系统中所需的运算单位。

在 2018 年消费类电子产品展览会上亮相的 18 旋翼电动直升机 Volocopter[5]，是该三级方法的另一个成功应用。两个儿时好友于 2013 年在德国成立公司，他们想要创造出世界上第一架电动直升机。一般的直升机只有一到两个旋翼，而 Volocopter 有 18 个旋翼和 9 块电池（每块电池独立为两个旋翼供电）。这种设计可确保 Volocopter 易于充电和保持平衡，（可能）重量更轻、更稳定（安全），且易于飞行。

该三级方法的另一个应用案例是拥抱床垫[6]。它设计独特，由一些泡沫板组装而成。当情侣相拥而眠时，他们可以将手臂或脚放置在泡沫板之间的空隙里，这样他们在整个身体得到支撑的同时，也缓解了身体某些局部部位的压力。

渠道管理（商务）

该三级方法还可被应用于渠道管理，来创造出新的渠道模式，甚至以此为基础来拓展新业务。为了给客户提供快速有效的服务，很多线上和线下的大型零售商通常会战略性地挑选多个区域来建造配送中心。例如，亚马逊在北美有 69 个配送中心，沃尔玛在美国有 129 个配送中心。勘探家还可进一步运用该三级方法来获得独特的竞争优势。线上零售业务就是应用该三级方法进行创新的一个产物。线上零售一般是指客户在网上下单后，公司送货上门。许多公司都曾尝试实现这种商业模式，但大多数公司都失败了

（例如，第一次互联网泡沫时期的巨头 Webvan，在 2001 年亏损 8 亿美元后破产了）。2014 年成立的中国初创公司“每日优鲜”[7] 开发出了一种独特的渠道模式，并迅速在全国领先。它向用户承诺：无论他们住在每日优鲜已进驻城市的哪个区域，他们订购的商品都将在两小时内送达（会员是一小时以内）。为了兑现这一承诺，每日优鲜在中国的 20 个城市里建造了 1000 个小型配送中心（包括社区前置仓）。2018 年，每日优鲜筹集了 4.5 亿美元，在 100 个城市里建造了 10 000 个小型配送中心，力求为一亿家庭提供服务[8]。㊀

三级方法 . 冗余

该三级方法的逻辑是通过复制（或增加）起点的关键要素来对冲风险，以防某个要素在运行期间发生故障。假设每个要素发生故障的概率是独立不相关的，那么这种冗余操作将能大大提高解决方案的可靠性。该三级方法的搜索算法包括仔细解构起点，再找出那些对整体解决方案来说至关重要的要素，即如果其发生故障将导致整体解决方案无效，且用户将遭受巨大损失。然后，尝试将两个或数量更多的同一要素复制到终点，并使它们的故障概率互不影响。

产品（商业）

冗余是一个重要的工程学设计原则[9]。它指的是以备份或防

㊀ 每日优鲜前置仓业务已于 2022 年 7 月停止。——译者注

故障的形式来复制关键要素。有些极其关键的要素，例如飞机的电传操纵系统和液压系统，甚至要准备多达三个备份。波音 737 MAX 飞机两次空难（狮子航空和埃塞俄比亚航空）的初步调查均表明，事故是由于迎角（AOA）传感器发生故障，触发了防失速软件而造成的。波音 737 MAX 有两个迎角传感器，但是防失速软件一次只能获取一个迎角传感器输出的信息。因此，波音公司设计了迎角分歧警报器，当两个迎角传感器输出的信息彼此冲突时，这个备选功能就会被激活。所有新的波音 737 MAX 飞机都装有这个设备[10]。在一些情境中，冗余可能需要远不止两到三个备选。例如，吊桥上会装有多根备用电缆。

演员和运动员（艺术与体育）

戏剧演出中的替补（B 角）演员是指在剧中与常规（A 角）演员扮演相同角色的人。当常规演员因生病、受伤或紧急情况不能出演时，替补演员可以随时顶替演出。

在团队运动中，让多个运动员训练同一个位置也是很常见的现象，这是为了保证在常规运动员不能上场时，比赛还能正常进行。例如，在美国一个职业橄榄球队的花名册上通常有三个四分卫。

传播（商业）

许多大品牌都会请代言人。有些品牌只聘请一个代言人，还

有一些品牌则聘请多个代言人。聘请多个代言人有助于降低风险。代言人可能会由于很多种原因在某段时间内无法（或者不再适合）代言。例如，生病了，需要应对紧急情况，费用高昂，放弃代言，或者在公共场合说或做一些与品牌形象不符的事情，等等。由于上述这些原因，有些品牌会选择聘请两个甚至多个代言人。

三级方法 . 变体

该三级方法的逻辑是增加起点中某个要素的数量，并进行适当的调整，使解决方案能够满足某个特定场景的需求，以及（或者）对用户更加友好。如果起点中已经包含多个同一要素，则可以使用此三级方法修改其中几个，使其区别于其余的。该三级方法的搜索算法需要仔细解构起点，再找出哪些要素能够很好地满足某个特定场景的需求，但在其他场景中却表现不佳。然后，尝试改变这些要素的形式，看能否将这些不同形式的要素有效合并组装起来，使得每种形式的要素都能很好地满足某一场景的需求，并且（或者）使解决方案更易于使用（记忆、理解、保养等）。

产品（商业）

在中国东方航空公司的飞机上，座椅上的安全带用不同颜色进行标记区分（见图 10-2）。尽管几乎所有航空公司都采用统一颜色的安全带，但东方航空中间座位上的安全带是红色的，而过道和靠窗座位上的安全带是蓝色的。这种明显的颜色区分更易于乘客快速找到自己的安全带。许多机场还使用颜色编码系统来标记区分不同的航站楼。美国国家标准学会（American National Standards Institute）和职业安全与健康管理局（Occupational Safety and Health Administration）建立了国家安全颜色编码系统[11]。制药公司将不同药物做成不同颜色，以便医护人员和每天需要服用多种药物的老年人区分。

图 10-2　中国东方航空公司的飞机座椅上不同颜色标记的安全带

OXO 是一家销售创新厨具、办公用品和家庭用品的美国公司。该公司设计生产的刻度斜置量杯[12]就很好地运用了此三级方法。在使用一般量杯时，必须先将液体倒入量杯，再将量杯抬至与眼睛持平的高度，并对照刻度检查体积，进行调整（倒入更多或倒出一些），然后再次进行检查和调整。除了一般量杯的常规刻度外，刻度斜置量杯还标注有第二组倾斜的刻度。这使得用户往量杯内倒入液体时，可以直接从量杯上方看到所倒入液体的体积，无须反复检查和调整。

另一个例子被称作隧桥，这种桥部分是桥梁，部分是隧道。建造桥梁通常比建造隧道要便宜，但隧道可确保水路畅通。另外，隧桥比隧道更易于通风。

很多制药公司会把白天和晚上服用的药物做成不同剂量，来满足患者的需求。与此类似，一些品牌也会推出日用和夜用两种洗面奶，夜用产品可用来卸妆，清洁力更强。

还有一个例子是隔热饭盒，其中包含两个温度区，一个用于存放热食，另一个用于存放冷食。与此类似，在中国台北，天桥同时设有两类楼梯，各占一半区域：一边是普通的台阶；另一边的台阶只有普通台阶的一半高，便于孩子和老人通行。双焦点镜片、三焦点镜片和现在的渐进多焦点镜片是将两个或多个镜片合并到一个镜片上制作而成的。其中，双焦点镜片有两个区域，用于看近和望远；三焦点镜片有三个区域，用于看近、看中等距离和望远；而渐进多焦点镜片随着镜片表面屈光度的逐渐变化，使用户可以清晰地看到几乎任何距离的东西。

如果起点可被分为几个部分（例如左侧和右侧，顶部和底部，内部和外部，等等），并且各部分之间设计方式大致相同，则可以考虑将不同部分的设计稍加改动，来满足不同场景下的略微不同的需求。例如，有些夹克可以正反两面穿，其中一面防水，另一面不防水（或者两面的颜色不同）。类似地，勘探家可以设计一个可翻转的座椅，座椅两面可采用不同的设计和材料，来满足不同人群的偏好，或者在不同场景下使用。

传播（商业和公共部门）

在传播领域，常常以不同方式向受众重复同一个关键要素。例如，景区告示牌的信息通常被翻译成多种语言来发布。

服务（商业）

该三级方法也可应用于服务业。安格德艺术酒店（Angad Arts Hotel）于2018年在美国密苏里州圣路易斯市开业。酒店房间共有四种不同颜色的主题房间：红色房间代表激情，绿色房间代表复兴，黄色房间代表幸福，而蓝色房间代表宁静[13]。顾客在办理入住时，可以根据自己的偏好选择不同颜色的房间入住。

定价（商业）

该三级方法还可用作基于质量的价格歧视，通常也称为二级价格歧视、产品版本管理或简单版本管理。一般来说，提供者会提供多个版本的产品供消费者选择，版本之间的质量略有差异，从而形成一条垂直产品线，其主要目的是进行价格歧视。例如，

航空公司会提供不同价格的舱位，不同价格对应着不同档次的座位类型、食物和服务，用来吸引不同价格敏感度的消费者。中国上海市旅游景点——城隍庙里有个特别有名的汤包馆，占地三层楼，从而划分为三个消费区域。在这三个消费区域里都可以买到享誉全球的汤包，而且这些汤包全都是在同一个厨房制作完成的，但不同的是：一楼汤包的价格非常便宜，但几乎没有任何服务（只能外卖，没有堂食）；二楼的价格适中，但座位有限；而三楼的价格最高且有最低消费，但就餐环境舒适，服务很好。

三级方法 . 夸大人的能力

该三级方法的逻辑是通过夸大人的能力，来达到提升起点功效的目的。将人的能力夸大到一般人通常无法做到的地步，这可能会创造出有趣的应用。该三级方法通常被应用于与艺术和传播有关的享乐场景中。该三级方法的搜索算法首先要仔细解构起点，再评估哪些场景中需要人员参与，然后尝试夸大这些人某个方面的能力，例如认知能力、情感能力、资源和机会，看是否能提升解决方案的功效。夸大的能力可以是人的能力真的得到提升了，也可以只是让人感觉提升了。

人物角色（艺术）

该三级方法常被应用于艺术创作，来塑造有趣的角色，通常是通过极大提升人们渴望得到的某种能力，甚至是赋予他们超能力来实现的。

《男人百分百》（*What Women Want*）是一部于 2000 年在美国上映的浪漫喜剧 / 奇幻电影，其中男主角就是基于该三级方法创作而成的。男主角是一位来自芝加哥的广告经理，由梅尔·吉布森（Mel Gibson）饰演。他有次在使用电吹风机时意外触电，从此获得了一种超能力——能听懂女人的心。电影围绕他获得这种超能力之后的职业生涯和个人生活展开。2019 年，这部电影被翻拍，在翻拍剧情中，一位女性体育经纪人在喝了祭司调配的饮料之后，获得了能听懂男人心的超能力。

情节（艺术）

类似地，该三级方法还可通过夸大个人所拥有的资源和机会，为艺术作品（例如电影和图书）来创作有趣的情节。很多电影会夸大金钱这一要素。《摘金奇缘》（*Crazy Rich Asians*）是一部于 2018 年在美国上映的浪漫喜剧电影，讲述了一位美籍华裔的大学教授前往新加坡与男友的家人见面时，发现他们远比想象中更为富有，过着极为奢侈生活的故事。电影情节围绕女主角与男友家庭中不同成员之间的互动而展开。《布鲁斯特的百万横财》（*Brewster's Millions*）是一部上映于 1985 年的美国电影，讲述了一个职业棒球联盟投球手从其刚过世的叔公那里继承了巨额遗产的故事。叔公给他留了整整三亿美元遗产，但前提是他必须要在三十天内花光三千万美元，才能继承。电影讲述了他尝试在规定时间内花钱而发生的种种趣事。值得注意的是，中国于 2018 年上映的电影《西虹市首富》就是《布鲁斯特的百万横财》这部电影的翻拍作品，并在中国当年的年度票房排名中名列前茅。美国于 2003 年上映的电影《反恐特警组》（*S.W.A.T.*）的主要情节围绕一个被捕的法国毒枭展开，他向全世界宣称：谁能把他救出去，他就给谁一亿美元。

三级方法 . 放大功能

该三级方法的逻辑是在不增加要素数量的情况下，增强起点的现有功能，来大幅提升功效。虽然该三级方法可能成本很高，但它确实有助于吸引用户的注意力，并为提供者带来竞争优势。该三级方法的搜索算法首先要仔细解构起点，然后尝试改进要素以大幅提升解决方案的功效，看这种改进能否让用户更有兴趣，以确保提供者增加成本的合理性。放大功能可以通过至少两种途径来实现：①增加原始功效的强度；②增加原始功效的复杂度。

产品（商业）

色彩对比强烈的指甲是当下最流行的美甲趋势之一。这种风格会给手上一个指甲（例如无名指的指甲）涂上跟其他指甲完全不同的颜色，通过色彩的强烈对比来创造独特的视觉观感，以吸引人们关注指甲。与此类似，大众公司在 1995 年推出了 Polo

Harlequin 限量版车型，每块车门都可以被做成以下四种颜色中的任意一种颜色：风暴红（Tornado Red）、金斯特黄（Ginster Yellow）、开心果绿（Pistachio Green）和夏加尔蓝（Chagall Blue）[14]。大众公司先制造出这四种颜色的车，然后允许车主随意更换搭配不同颜色的车门。这款限量版车型在欧洲生产和销售了约 4000 台，在美国约 264 台。这款车到现在还受到万人拥趸，甚至在美国还有一个专门的 Harlequin 车主登记网站。

行业规范（商业）

星巴克是世界上最成功的咖啡连锁品牌之一。它从 1971 年美国西雅图市一家不起眼的咖啡店开始，发展成为如今价值近千亿美元的全球连锁店。在其发展历程中，星巴克塑造了许多行业规范，提升了消费者对咖啡和咖啡品牌的期望。其中有个规范是每杯咖啡的咖啡因含量。与其竞争对手唐恩都乐（Dunkin' Donuts）和麦咖啡（McCafé）相比，星巴克一杯同等规格的咖啡中，咖啡因含量要高得多[15]。消费者很快发现，他们喝了星巴克咖啡后，会感到精力更加充沛、头脑更加清醒等，这样很多消费者很快就会发现其他品牌的咖啡功效不够。由于咖啡因是一种成瘾性物质，因此这种效果会非常明显。然而，即使对于一般产品 / 服务行业而言，将高标准打造成行业规范也会导致用户对该行业内所有公司都抱有更高的期望，消费者将更有可能去光顾高标准提供者的品牌。例如，每次购物都送赠品的零售商或菜品极辣的餐厅对消费者都更

具有吸引力。这是人的本性。

服务（商业）

毫无疑义，星巴克是全球知名精品咖啡品牌，而唐恩都乐与其不相上下。作为一家主要卖甜甜圈这种被有些人认为既不健康又不符合当前社会趋势的食品的连锁店，唐恩都乐是如何成为一家如此强大甚至可与星巴克相匹敌的公司的呢？有人可能会说，唐恩都乐卖的咖啡与星巴克的质量不相上下，而价格更低。但它的成功其实另有原因：唐恩都乐大幅升级了店铺，创造了与星巴克一样高端的环境。尽管这一举措与其食品和饮料的质量其实并无关系，但显著提升的服务水平向消费者传达了非常重要的质量信号，同时也满足了他们想在舒适空间里工作和聚会的重要需求。

2018 年，火锅连锁品牌海底捞在中国香港地区的首次公开募股（IPO）中融资近十亿美元[16]。海底捞对消费者的吸引力主要来自其极为周到的服务，服务员会竭尽所能让食客满意。它还以提供免费服务和娱乐（包括为等待的顾客做美甲）而闻名。

促销（商业）

也可应用该三级方法来展示产品在极端情况下仍能正常运行，以打造其高质量的形象。Foxy 是一个意大利品牌，生产卫生纸、厨用纸巾、餐巾纸和面巾纸。2015 年，广告代理商为其制作并投放了一个名为“杯子”的广告。在广告中，一张 Foxy Asso Ultra 纸巾被卷成杯子的形状，里面盛满液体。旁边的广告语写着“一张纸就足够”[17]。即使消费者可能永远也不会这样使用纸巾，但这种放大的功能传达了强烈的质量信号，并引起了消费者的注意。

情节（艺术）

该三级方法还可被用于小说和电影的创作，来创造核心情节，并激发受众强烈的情感。美国佛蒙特大学和澳大利亚阿德莱德大学的科研人员合作分析了近两千部小说，并归纳出故事情节中六种典型情感变化：白手起家（扬）、倾家荡产（抑）、陷入绝境后成长（欲扬先抑）、伊卡洛斯式（先扬后抑）、灰姑娘式（先扬后抑再扬）和俄狄浦斯式（先抑后扬再抑）[18]。与单调的情节相比，这种跌宕起伏的情节更受欢迎。

三级方法：无限数量

该三级方法的逻辑是向用户提供（几乎）无限量的要素或起点（产品或服务），但仅收取固定费用。目的是为用户创造更高的功效，使他们觉得解决方案更有价值，能更有效地满足他们的需求。该三级方法的搜索算法首先要仔细解构起点，然后评估是否能以固定价格向用户提供要素或整体解决方案，而不限制他们的使用数量。勘探家必须努力找出那些边际成本很低，对用户有使

用限制，或者用户会高估其消耗量的要素。该三级方法会让用户感觉功效提升了，因为他们现在可以消耗更多。但实际上，大多数消费者并不会因此而消耗更多，所以提供者的成本并不一定会增加很多。该三级方法通常被应用于定价。

定价（商业）

该三级方法以自助餐的形式被餐饮业广泛使用。与此类似，美国许多餐厅都推出软饮料无限续杯服务。在美国的许多社交场合中，例如婚礼，宴会主人会提供一个开放式酒吧，供来宾免费畅饮。该三级方法的另一个应用是景点和服务（博物馆、公园、城市公交等）的月票或年票。用户只需支付固定费用就可以无限次享用服务，到期为止。例如，美国推出了一种叫作“美丽通行证”（Beauty Pass）的景区年卡，年卡用户在买卡一年之内可以不限次地游玩包括美国国家公园在内的2000多个美国国家级景区。年卡费用包含一辆家用汽车的司机及车上同行人员的门票、一般设施（例如景区接驳巴士、停车场）使用费和车辆在景区的日间通行费。

该三级方法也已被广泛应用于移动通信业。美国的几家移动通信巨头都推出了通话、短信和流量每月无限量使用的套餐。用户在许多地方（包括一些飞机上）也可以购买不限流量的无线网络服务。

许多数字化产品公司也经常使用这个三级方法，因为数字化产品的边际成本很低。例如，Spotify和网飞的套餐可以让订阅用

户无限量地收听 / 观赏网站内容。亚马逊网站现在还提供无限量的阅读和音乐套餐。该三级方法还被应用于 B2B 软件许可协议，即客户（公司）为某个软件支付固定费用后，就可以不限次地将其安装在该公司所有电脑上。Oracle 和 IBM 均提供无限制的许可协议，以便客户在成本可控的情况下灵活购买。

三级方法 . 超大

该三级方法的逻辑是增加起点要素的几何尺寸（例如大小、厚度等），以此增强要素的功能，提升解决方案的功效。该三级方法的搜索算法首先要仔细解构起点，然后尝试增加要素的体积至超大，看能否为用户提供更多利益，同时又不会过多增加提供者的成本。

产品（商业）

该三级方法现已广泛应用于许多领域。很多快餐店会提供不同分量的套餐，包括大型套餐和超大型套餐。与此类似，这些餐馆的饮料杯也越来越大。在房地产领域，开发商建造的房屋也越来越大，推出了所谓的“麦克豪宅”（McMansions），这些房子通常空间超大且造价低廉。运动型多用途汽车（Sport Utility Vehicle，SUV）的空间比普通汽车要大得多，却其实很少用于越野场景，还卖得非常好。宽胎自行车是一种轮胎巨大的自行车，

可在雪地、沙滩和泥地等软基路面骑行。ShowerPill是一家由三名大学生运动员创立的初创公司，他们设计了一款超厚的毛巾，人们在锻炼后（或出汗时）使用，就可以不用洗澡了。超厚的厚度也让这款产品可作为一次性毛巾使用[19]。

零售（商业）

许多零售公司规模都超大。一些零售店被称作超级购物中心、超市或其他类似名称。顾名思义，它们本质上都是供消费者一站式购物的大型场所。这些商店可能什么都卖（例如沃尔玛超市里几乎各种商品都有），也可能专门经营某种商品（例如百思买专门卖电子产品）。

开放式搜索算法：二级方法 . 增强法

在应用二级方法 . 增强法时，勘探家也可以采用开放式搜索，即在搜索时不带任何特定目的。这可以通过如下搜索路径来实现。首先，勘探家可以尝试增加起点中一个或多个要素的数量，并将它们合并来创建终点，看是否能提升解决方案的价值。其次，勘探家可以检查起点中与人相关的要素，并尝试在终点中突显人的能力，看能否创造更多价值。再次，勘探家可以尝试大幅提升某个要素或整体解决方案的功能，看能否创造更多价值。最后，勘探家还可以尝试大幅增加起点的规模（数量）和扩大范围，看终点能否创造更多价值。需要注意的是，该二级方法下还存在其他搜索算法，这些搜索算法可能会在将来被不断开发补充进来。

注　释

1. https://www.smithsonianmag.com/arts-culture/lazy-susan-classic-centerpiece-chinese-restaurants-neither-classic-nor-chinese-180949844/.

2. http://fortune.com/2015/09/08/macys-best-buy-electronics/.

3. https://en.wikipedia.org/wiki/Story_within_a_story#Nested_Books.

4. https://www.vice.com/en_us/article/vdp35j/pictures-of-people-who-take-pictures-of-pictures.

5. https://www.volocopter.com/en/product/.

6. https://www.npr.org/sections/alltechconsidered/2013/08/27/216091675/weekly-innovation-a-mattress-that-makes-it-easier-to-cuddle.

7. https://www.missfresh.cn/.

8. http://www.chinanews.com/cj/2018/09-06/8620117.shtml.

9. https://en.wikipedia.org/wiki/Redundancy_(engineering).

10. https://www.cnn.com/2019/05/05/us/boeing-737-max-disagree-alert/index.html.

11. https://www.superiorglove.com/blog/color-coding-safety-program.

12. https://www.oxo.com/2-cup-angled-measuring-cup-453.html.

13. https://www.cnn.com/travel/article/angad-arts-hotel-st-louis-missouri/index.html.

14. https://www.thetruthaboutcars.com/2013/03/volkswagen-golf-harlequin-vws-strangest-idea/.

15. https://qz.com/quartzy/1347298/getting-your-caffeine-fix-is-cheaper-at-starbucks-than-mcdonalds/.

16. https://www.cnbc.com/2018/09/18/investors-for-chinese-hotpot-haidilao-raise-nearly-1-bln-in-ipo.html.

17. https://www.adsoftheworld.com/media/print/foxy_glass_1.

18. https://www.theatlantic.com/technology/archive/2016/07/the-six-main-arcs-in-storytelling-identified-by-a-computer/490733/.

19. https://www.showerpill.com/.

第 11 章

二级方法：时间重组法

时间重组法是基于多个要素关系内生表的二级方法，通过将起点中的某些要素在解决方案生命周期中的某个时间点进行整合或拆卸，以及将其功能的作用时间重新排序，来产生有价值的新方案。其逻辑是通过重新安排不同要素的整合（或拆卸）方式，来达到提升解决方案的功效、增加提供者盈余、减少使用者耗费，降低（不想要的）副作用、降低易受损的（风险）、减少局限，以及满足不同需求（用户、场景）等目标。搜索算法要求仔细检查要素之间的关系，然后弄清在解决方案生命周期的不同阶段如何对各要素在结构、功能和数量方面进行整合或拆卸。勘探家通常可更改以下搜索变量：①要素的使用顺序；②使用前整合；③使用时整合；④使用中拆卸；⑤使用后拆卸。

本章将对该二级方法下属的十二个三级方法（见表 11-1）进行详细讨论，但要注意的是这里并未囊括所有可能的三级方法，而且新的三级方法还在不断涌现中。其中有一个方法旨在提升功效，两个旨在增加提供者盈余，两个旨在减少使用者耗费，一个旨在降低（不想要的）副作用，三个旨在降低易受损的（风险），一个旨在减少局限，另外两个旨在满足不同需求（用户、场景）。还可以根据特定的搜索变量将这些方法分为五类。第一类中的两个三级方法致力于调整要素的使用顺序：**“非同时”**专注于将要素的使用时间从同时变为非同时，或者反过来从非同时变为同时，以提升解决方案的功效；**“提前披露”**对非同时使用要素的先后顺序进行调换，以降低易受损的（风险）。第二类中只有一个三级方法，专注于在使用前进行安装：**“预制”**将要素安装的时间和地点从使用时提前到制造周期的早期阶段，以增加提供者的盈余。第三类中的六个三级方法专注于在使用时进行要素的安装：**“现场组装”**将要素安装的时间延后，通常延后到需要使用时在现场进行安装，从而降低提供者成本；**“可缩设计”**减弱了解决方案闲置时的影响（例如所占空间）；**“可带走钥匙”**通过将关键要素设计成可被拆卸带走的，来减少他人冒用该解决方案的风险；**“使用时才激活”**延后了要素的安装时间，直到使用时才进行组装，这是因为要素分散时更易于存储、使用寿命更长且更易于运输等；**“可调设计”**允许提供者或使用者在使用时调整要素，以创造个性化解决方案；**“混合搭配”**将要素的不同版本安装到一起，以满足稍有不同的场景的需求。第四类中的两个三级方法专注于将要素在解决方案的有效使用期内进行拆卸：**“部分替换”**让使用者（或提供者）只需更换发生故障的要素，而不必更换整体解决方案；**“丢车保帅”**在解决方案的安全性受到威胁时，通过牺牲其他要素来保护解决方案中最重要的要素，这与国际象棋中的同名策略含义类似。第五类中只有一个三级方法——**“用后拆卸”**，致力于在解决方案达到使用寿命后易于拆卸，来降低废弃物的不良副作用。

表 11-1　二级方法 . 时间重组法下属的十二个三级方法

目标	特定的搜索方向				
	使用顺序	使用前	使用时	使用中	使用后
满足之前从未被满足的（使用者）需求					
找到替代方案					
提升功效	非同时				
增加提供者盈余		预制	现场组装		
减少使用者耗费			可缩设计	部分替换	
降低（不想要的）副作用					用后拆卸
降低易受损的（风险）	提前披露		可带走钥匙	丢车保帅	
减少局限			使用时才激活		
满足不同需求（用户、场景）			可调设计		
			混合搭配		

三级方法 . 非同时

该三级方法的逻辑是更改起点中不同要素的作用顺序。目的是通过重新安排要素作用的顺序，来提升解决方案的功效，因为这些要素的功效是相互依赖的。该三级方法的搜索算法首先要仔细解构起点，然后尝试重新安排要素以改变它们的使用时间，看能否提升整体解决方案的功效。可通过以下三种方法来实现：

①将同时使用变为非同时使用；②将非同时使用变为同时使用；③调换非同时使用的先后顺序。

产品（商业）

该三级方法在产品创新领域中有一个很好的应用，即洗发产品。美国商人约翰·布雷克（John Breck）在 20 世纪 30 年代成功开发出了可通过零售渠道进行贩卖的洗发水，这款洗发水因“布雷克女孩”（“Breck Girl”）广告策划大获成功而闻名于世。最初的产品配方是将所有成分都装在同一个瓶子里来销售。后来，行业内开始流行将其区分为洗发水和护发素两种产品来销售，并建议消费者按照顺序来使用它们：先用洗发水清洁，再用护发素保湿护发。将之前的洗护二合一产品变为洗发水和护发素两个先后搭配使用的产品来销售，不仅可能增加产品每次的使用量，这样就有助于提高提供者的销售额，而且有助于增强品牌忠诚度，因为其中一个产品可能会先用完，而消费者很可能会继续购买同一品牌的产品，以便和剩下的另一个产品搭配使用。该三级方法还可以将一个要素分解为三个或更多个按顺序使用的要素。这种方法也常被应用于美妆行业（例如妆前乳、粉底、遮瑕、腮红、高光等）。

情节（艺术）

该三级方法也被广泛应用于电影和图书，来创造有趣的情节。

若想达到引人入胜的叙事效果，可以尝试采用新的叙事顺序。例如，当采用倒叙方式来展开情节时，通常故事一开始就给出结局。1997 年上映的美国电影《泰坦尼克号》（*Titanic*）就采用了这个三级方法。电影的开头设定在 1996 年。一群寻宝者正努力从泰坦尼克号的残骸中搜寻一条举世罕见的项链，但只找到了一个保险箱，里面装着一张画，画上的年轻女人恰好戴着这条项链。后来他们找到了画中的这个女人，她如今已经快一百岁了，然后她向他们讲述了当时船上发生的故事。电影在最后向观众揭示了项链的最终结局。

该三级方法在文学、电影领域的另一种常见应用是穿越，即一个人从现代穿越到另一个时代，从而引发很多有趣而出人意料的情节，激发受众的想象力。美国系列电影《回到未来》（*Back to the Future*）就是应用该三级方法创作穿越情节的一个很好的例子。该系列电影的第一部于 1985 年上映，讲述了一个少年偶然穿越回到 1955 年，遇到了年轻时的父母的故事。1989 年上映了该系列续集——《回到未来 2》（*Back to the Future Part II*），讲述了主人公和他的朋友一起从 1985 年穿越来到 2015 年，去阻止他的儿子破坏家庭的故事。美国电影《终结者》（*Terminator*）系列是另一个基于穿越的成功商业电影的例子。该三级方法在韩国的电视连续剧中也得到广泛应用，即现代人穿越回古代，并开创了穿越剧这一新的电视剧类型。

三级方法．提前披露

该三级方法的逻辑是通过调换起点中非同时进行的要素的顺

序，以消除某些风险（通常是从使用者的视角来看）。允许使用者先观察要素的运作方式，再做决策，以消除不确定性，从而降低使用者所面临的风险。该三级方法的搜索算法首先要仔细解构起点，再评估哪些要素可能引发结果的不确定性，然后尝试在解决方案的生命周期的早期阶段对这些要素进行评估，看能否帮助使用者避免遭受巨大损失。

定价（商业）

该三级方法最为常见的应用是定价。通常情况下，使用者向提供者支付一定金额来购买解决方案。但购买之后，不管解决方案是否有效（以及使用者是否满意），使用者都无法“撤销购买”该解决方案，除非可以退款。由于付款在前、使用在后，使用者在付款之前无法得到有关产品 / 服务的完整信息，因此存在一定风险。即使在允许退款的情况下，使用者在付款后通常也需要花费大量的时间和精力才能拿到退款。

源自英国的国际男装品牌 Topman 改变了付款和使用的顺序。其网站允许顾客在订购商品时不支付任何费用；如果之后顾客决定留下商品，网站会在 30 天后向顾客收费[1]。

在医疗保健领域，几家制药企业与患者签订所谓基于疗效的保险合同，用来消除患者对药物疗效的疑虑。Kymriah 是诺华公司（Novartis）研发的一种治疗癌症的开创性新疗法，于 2017 年通过美国食品药品监督管理局（Food and Drug Administration，FDA）的批准上市。Kymriah 是一种基于基因技术的个性化诊疗方法，价格非常昂贵（单次治疗费用高达 475 000 美元）。为了减少患者对其疗效的疑虑，诺华公司提出，如果患者经过 Kymriah 治疗但一个月之内病情并没有好转，则保险公司会支付这笔医疗费用，而患者无须付费 [2]。

许多游乐园中会安装自动摄像头，来抓拍游客在一些景点的游玩瞬间（例如，激流勇进的最后一次俯冲）。之后，游乐园向游客展示这些照片，游客可以自行决定是否购买。

三级方法 . 预制

该三级方法的逻辑是将核心要素或整体解决方案在运输到使用地之前进行组装。目的是通过扩大规模、最大化功效、使用经验丰富的工人、实施更好的质量控制等，来降低提供者成本。该三级方法的搜索算法首先要仔细解构起点，然后评估哪些要素可以在异地构建并能被安全有效地运输到使用地。该三级方法通常适用于满足以下条件的要素：规模化组装以及（或者）由一组熟练工人一起协作组装，会比现场单个组装更有效率，而且组装好后运输是安全高效的。

产品（商业）

在建筑领域，该三级方法被称作组合式设计。建造房屋（起点）时，建筑工人通常在现场作业，使用各种材料（例如砖头、木材、水泥、沙子、钢材等）来进行建造。而在组合式设计中，房

屋的主体是先在工厂建造完成，然后再运输到现场进行组装的。除建造房屋外，预制这个方法还被广泛应用于汽车、轮船、飞机和工业机械的制造过程中。这些产品的大多数核心部件都是先在其他地方制造好，再运输到工厂进行最后组装的。

在餐饮业，连锁餐厅通常会选取合适的地点设立中央厨房。中央厨房负责将食材集中加工，制作成半成品，然后这些半成品会被配送到旗下各家餐厅，而厨师最后只需稍做处理，就可以将美食盛送给顾客享用了。

三级方法 . 现场组装

该三级方法的逻辑是在使用现场对起点中的核心要素进行组装。目的是降低提供者成本，例如运输、仓储、员工薪酬福利等方面的成本。该三级方法的搜索算法首先要仔细解构起点，然后评估哪些要素能以零部件形式进行安全、有效的运输，而且使用者（或其他人）有能力进行现场组装。该三级方法通常适用于那些整件运输困难、运费昂贵或运输不安全的大件商品，而在现场组装或让使用者自行组装将会大大降低提供者的成本，进而也降低使用者的成本。

产品（商业）

该三级方法已在很多销售大件消费品（例如家具和健身器材）的公司得到广泛应用。在宜家购买家具的顾客必须自己组装家具，因为未经组装的家具运输起来更方便，也更便宜。同样地，购买椭圆机的顾客通常也需要自己在家组装。这样做不仅降低了提供者的成本，而且方便顾客将设备搬到喜欢的位置（例如，需要通过狭窄的楼梯进入地下室），再开始进行组装。

使用该三级方法的另一个目的是将当地可用的要素整合到解决方案中，以节约资源并降低成本。例如，Blueland“永久瓶”（Forever Bottle）[3] 清洁剂销售时会给予一个瓶子和各种不同用途的清洁片。顾客仅需取出一片清洁片，放置在瓶中并用水溶解（几乎没有任何成本），即可获得一瓶新的清洁剂。这项创新减少了消费者使用塑料瓶的数量，节约了资源消耗；运输起来更方便，也更便宜，减少了浪费；同时也有利于企业和消费者控制成本。

三级方法 . 可缩设计

该三级方法的逻辑是通过重新设计起点的要素，使得使用者在其闲置时可将其转换为不同的状态（例如形状）。目的是通过使解决方案在闲置状态时更易于存储或运输，来降低使用者成本。该三级方法的搜索算法要求仔细解构起点，然后尝试对要素（通常是尺寸较大的要素）进行重新设计，看能否缩小或改变解决方案的形态，使其在闲置状态时更易于存储或运输。尽管该三级方法可能会设计出在不同状态下可不同程度折叠的创新产品，但它最为关注解决方案的两种状态：使用时的状态，存储或运输时的折叠状态。

产品（商业）

该三级方法最为常见的应用是旅行途中空间有限时使用的产品，例如帐篷、可伸缩水杯（或折叠水瓶）[4]、雨伞等。类似地，可折叠桌椅在偶尔需要时使用起来也很方便。该三级方法还可应用于设计交通工具，例如折叠式婴儿车、折叠式自行车和折叠式电动车。

该三级方法也可用于建筑领域。BBC 设计频道曾报道过由英国的 Ten Fold Engineering 公司设计的房屋，该房屋可在 10 分钟内自动建成。该房屋可用于多种用途（例如移动房屋、办公室、展厅、饭店、学校等）。无须使用任何专业工具即可折叠整个房屋并放置在卡车上[5]。该三级方法在建筑领域还有其他简单一些的应用，例如墨菲壁床（Murphy Wall Bed），不用时可以将其垂直靠着墙壁立起。

三级方法 . 可带走钥匙

该三级方法的逻辑是重新设计起点的要素，使得其中一个必不可少的关键要素可以被轻松拆卸下来带走。目的是通过在闲置时将关键要素取下来带走，来降低解决方案被他人滥用或盗用的风险。该三级方法的搜索算法首先要仔细解构起点，再找出解决方案中必不可少的关键要素，然后尝试是否有可能对其进行重新设计，使其便于拆卸、运输和重新组装，而不会影响解决方案的功效。顾名思义，该三级方法需要对关键要素不断进行重复拆卸和重新安装的操作。另外，关键要素可以是解决方案中不可或缺部件的整体或其中一部分。

产品（商业）

在产品创新中应用该三级方法最主要的目的是防止未经授权的使用或盗窃。如果使用者可以轻松取下并带走解决方案中的“钥匙”，那么就没有人可以在未经使用者同意的情况下使用该解决方案，盗窃也就变得毫无意义了。

该三级方法有一个著名的应用是先锋公司（Pioneer）于 1989 年在美国市场推出的可拆卸面板式车载音响[6]。车载音响是汽车上最常被盗的部件之一，因为可以轻松快速地将其从汽车上拆卸下来，并运到黑市上出售，以实现快速套现。为了解决这个问题，先锋公司对车载音响的面板进行了可拆卸式设计，这样驾驶员可以在停车后将其轻松拆卸下来，以防止被盗。此外，在先锋公司的设计中，其车载音响在面板被拆卸下后看起来就像普通音响，即便小偷看到也会觉得这个音响不值得窃取，因此也就不会去砸碎车窗了。

锁和钥匙的发明也可看作是该三级方法的一个应用。在这种情况下，一个新的、包含两个要素的解决方案（即锁和钥匙）被整合到原始解决方案（例如门）中。如果没有钥匙，原始解决方案就只能一直被锁着。

三级方法 . 使用时才激活

该三级方法的逻辑是分离起点的各个要素，要素本身都未被

激活，只有结合在一起使用时才会被激活，从而形成解决方案，但该解决方案必须马上用掉，无法长时间存放，因为其在生成后不久就会失效，甚至会产生不良副作用。目的是解除原始解决方案只能短时间存放的限制。该三级方法的搜索算法要求仔细识别出起点中那些一旦分离就会失效，且易于携带、保密性高的要素。该三级方法主要被应用于解决方案无法长时间保存的情形，其表现形式可以是一次性激活（只用一次）或多次激活（可重复使用）。

产品（商业）

该三级方法在食品工业中被广泛用于制造脱水食品，例如方便面。该解决方案的原始形态中含有液体，因此难以长时间保存，不方便运输，并需要占用较大空间。脱水技术将水从原始解决方案中分离出来，而且之后使用者在使用时往里加水后还能基本恢复到原始解决方案的形态和功效，这会给提供者和使用者带来很大的价值，也消除了原始解决方案的限制。

该三级方法的另一个巧妙应用是瑞典的 BioGaia 公司发明的益生菌吸管[7]。酸奶这样的食物富含对人体消化系统有益的益生菌，但不巧的是富含益生菌的饮品通常保质期很短，很快就会变质。BioGaia 将益生菌从饮品中分离出来，并对其进行脱水处理，然后将其附着在吸管内部。消费者要喝的时候，只需将益生菌吸管插入饮品中即可饮用。有趣的是，益生菌吸管现已成为一种独立产品，消费者常常购买后用来喝其他饮料（例如牛奶），从而获取身体所需益生菌。

Oranfresh[8] 是一家意大利公司，通过自动售货机来售卖鲜榨果汁。该公司的产品遍布全球 60 多个国家和地区。橙汁通常是先在工厂进行生产和包装，然后运输到使用场所的。Oranfresh 公司将其生产线搬到使用场所，现场榨汁。自动售货机里装有新鲜的橙子；用户付费后，机器才会开始榨汁，从而确保橙汁的新鲜度。

三级方法 . 可调设计

该三级方法的逻辑是分离起点中的要素，以便可以按照不同比例将它们组合。目的是通过以不同比例组合要素来创造个性化的解决方案，从而满足不同用户和不同场景的需求。该三级方法的搜索算法首先要仔细解构起点，然后尝试将要素按照不同比例组合，看能否满足不同用户的偏好或不同场景的需求。这些要素通常是液态或气态的，然而也有些是固态的（例如盐、糖），但这些固态要素通常体积很小，可以按不同比例混合。此外，还可以通过重新设计起点中的要素，使用者按照自己的需求来调整，从而提升自己在不同场景中的使用体验。

产品（商业）

该三级方法能让使用者按照不同比例混合两个或多个要素，

来创造个性化的解决方案。戴夫公司（Dave）生产的可调节辣酱（Adjustable Heat Hot Sauce）就是该三级方法的一个有趣的应用[9]。辣酱瓶子被分隔成两半区域：一半区域装着极辣的酱汁，另一半区域装着几乎不辣的酱汁。消费者通过旋转瓶盖上的刻度盘来混合调配两个区域的酱汁。消费者可以通过按照不同比例混合两种要素（即两种不同口味的酱汁）来调配出从微微辣到重辣的多种口味，即创建出多个终点。与此类似，中国彩妆品牌烙色（L'Adore Colors）设计了一款独特的二合一精华粉底液。该产品的一半区域内装着精华液，而另一半区域内则装着粉底液。使用者将转盘向左旋转可得到精华液，向右旋转可得到粉底液，可以根据个人肤质和不同情形（例如季节和场合）来选取不同比例的精华液和粉底液混合后使用[10]。

该三级方法还常被用于重新设计要素，以方便使用者调整，从而使其更符合人体工学，例如椅子（倾斜角度、座椅高度），桌子（高度）和衣服的腰带等。Sleep Number 公司推出的 360 智能床装有灵活的底座，方便使用者调节床头和床尾和高度；床的左右两侧也可以分别加以调节，如果伴侣睡眠时打鼾，使用者可以调整那一侧的高度来抬高伴侣的头。这种床还会实时收集使用者的睡眠数据，并基于这些数据自动调整，力求为使用者提供最舒适的睡眠体验[11]。

此外，该三级方法还可被用于重新设计解决方案，以满足不同场景的使用需求。现在许多旅行箱都采用拉链设计，使其具有更好的延展性。许多马桶都装有双重冲水装置，以便节水。瑞士汽车设计公司 Rinspeed 在 2002 年推出了概念车 Presto。这款车可以在短短几秒钟内从不到 3 米长的双座车转换成长达 3.7 米的四座车，而且后排座位颇为宽敞。将后排座椅折叠起来后，多出来的空间还可以用来置放东西[12]。2018 年，日本三井化学公司（Mitsui Chemicals Inc.）推出了 TouchFocus，这是一款可即时调节看近或是看远的眼镜。使用者只需轻触一下传感器，即可激活镜片中的液晶部件，镜片就会从远视模式切换为近视模式[13]。

该三级方法还有一个目标，就是让使用者自行选择能产生最大价值的解决方案。例如，韩国设计师设计的滚动长椅，面板中间装有一根旋转轴，以便使用者翻转椅面。下雨后，使用者可以在侧面转动把手，把干燥清洁的椅面翻转过来朝上，以便使用[14]。

三级方法 . 混合搭配

该三级方法的逻辑是为起点中一个或多个要素设计许多不同的版本，以便将这些不同版本搭配组合在一起使用。目的是通过将不同版本的要素进行适当的搭配，满足不同用户在不同场景下的差异化需求。该三级方法的搜索算法首先要仔细解构起点，再评估哪些要素可以设计出多种版本，然后尝试使用某个要素的某个版本（或将不同要素的不同版本进行搭配组合），看是否能更好地满足不同用户在不同场景下的需求。要素的不同版本都应服务于略为不同的用途，或者说更适合执行不同的任务。这叫作模块化设计原则。但要注意的是，该三级方法的目标与二级方法 . 有

效期法下的三级方法 . 重复使用不同，后者采用模块化设计的目的是使一个要素的使用寿命比其他要素的更长。模块化设计集合了标准化和定制化的优势，但由于需要添加不同接口以适应要素的不同组合，因此有可能导致低质量或者低效率。相比之下，混合搭配这个三级方法可兼容不同的配置，无论是一次性使用（使用后无法重新配置解决方案）还是重复性使用（使用后可进行拆卸，且拆卸下来的要素经重新组合后可用于其他用途）都可行，因此极具灵活性。

产品（商业）

在提供者较为了解不同用户需求的情形下，该三级方法通常被用于为不同用户设计和创造个性化解决方案。通常来说，虽然在技术上可行，但此类解决方案的初衷并不是使用后可拆卸。例如，顾客在购买汽车（发动机、座椅和其他辅助设备等）、工业器械（配件）和计算机（中央处理器、内存和显卡等）等产品时可按照自己的需求选择不同的配置。

该三级方法也常被用于设计那些方便用户重复组装和拆卸的产品，用户可根据不同场景的不同需求自行组装和拆卸。提供者通常会为用户提供一整套解决方案，里面包含一个或多个要素的多个版本。有时候，用户还可以根据需要购买更多版本，这样既增加了用户选择的自由度，也可为提供者创造更多收入。

很多工具都采用该三级方法来设计。例如，螺丝刀通常是一个手柄搭配不同的钻头一起出售，方便用户根据不同需求自行组装使用。吸尘器在售卖时通常配有一套各式各样的吸头，不同吸头适用于不同空间以及不同物体的吸尘作业。单镜头反光相机（简称单反相机）的设计也应用了该三级方法，即同一台机身可搭配多种不同的镜头使用。而且，同一组镜头也可搭配不同机身使用。戴森公司（Dyson）于 2018 年推出了戴森美发造型器（Dyson Airwrap Styler），它采用了革命性的气流造型技术，并针对不同发型准备了多款配件[15]。它的广告语是“轻松打造卷发和波浪，使发丝顺滑蓬松”，产品配有 1.2 英寸（约 3 厘米）和 1.6 英寸（约 4 厘米）的风筒各一个，以及硬质顺滑梳、软质顺滑梳和卷发棒各一把。

MOLLE（Modular Lightweight Load-carrying Equipment，模块化轻量负载装备）战术背心是一款美国军方使用的背包系统，是基于美国陆军纳蒂克士兵研发与工程中心（U.S. Army Natick Soldier Research，Development and Engineering Center）所发明并获得专利的“梯状附包挂载系统”（Pouch Attachment Ladder System，PALS）而开发的。该系统包含两个要素：背心和附包。背心有多个款式可供选择，还可以根据特定部队的需要定制背心款式；每件背心均配有网格织带，上面可附载一些小型装备。附包也有许多个款式可供选择，每个附包上可装载特定装备，包括手枪、手榴弹、枪支配件和弹匣等。可以根据不同的任务（例如，巡逻与侦察）装载不同类型的装备，士兵也可以根据个人喜好将所选装备安装到背心的不同位置上。例如，从背心上快速拔枪的最佳位置可能因人而异。

该三级方法还有一个有趣的应用是鞋子。Shooz[16] 是一个模块

化旅行鞋品牌，最初在 2015 年由 Kickstarter 项目全额资助建立。Shooz 将鞋底和鞋面（鞋皮）作为两个独立的组件分别出售。消费者可以购买一组鞋底，再加上许多外观和用途各异的鞋面。使用时，消费者只需选择最合适的鞋面并将其通过拉链锁合到鞋底上即可。这样的模块化设计让旅行者可以携带多种款式轻装上路。

三级方法 . 部分替换

该三级方法的逻辑是将起点的要素设计成方便替换的款式。目的是让使用者可以仅更换发生故障或受损的要素，而无须更换整体解决方案，从而减少使用者耗费。该三级方法的搜索算法要求仔细解构起点，再评估哪些要素可以重新设计成方便拆卸和更换的款式。

产品（商业）

该三级方法在产品设计领域有时被称为“维修性设计”（Design for Repairs）。汽车公司在设计汽车时就遵循了这个三级方法。汽车的所有主要部件都是可更换的，这样整辆车的使用寿命就会比轮胎和刹车片等大部分配件的使用寿命长得多，即使是发动机这种最昂贵的部件也可以在必要时被更换。

维修性设计可能会减少新产品的购买总量，但这有益于环保，更符合可持续发展目标。因此，该三级方法有望在今后得到更为广泛的应用，来设计出更多方便维修且易更换零配件的产品。

三级方法 . 丢车保帅

该三级方法的逻辑是通过重新设计起点的要素，使其中最有价值的要素在发生事故时，能立即与解决方案的其余要素分离，以得到保护。这种设计要求牺牲大部分其他要素来保护最重要的要素，这与国际象棋中牺牲一个棋子来获得整局优势的策略十分相似。该三级方法的目的是降低失去最有价值要素的风险。该三级方法的搜索算法首先要仔细解构起点，再评估哪个要素最有价值，然后尝试重新设计该要素，使其在使用期间发生意外（或不良事故）时能立即与解决方案剩余部分分离（最好能做成自动的），通过牺牲解决方案中其他不太重要的要素来保护这个最为重要的要素。

生物学（自然）

该三级方法在自然界中有一个相应的机制，被称为自割。这是在物种进化过程中发展起来的一种防御机制，即动物在遇到危险时会主动切断其身体的一个或多个部位，以避免被捕食者抓住，或分散其注意力。最著名的例子就是蜥蜴，它们在遇到危险时会舍弃自己的尾巴逃跑。有时，尾巴被切断后仍会继续摆动。这些蜥蜴的尾巴之后还能重新再长回来。自然界的一些其他物种也存在自割现象。

产品（商业）

该三级方法在产品设计中有一个很好的应用，那就是战斗机。当飞机失事不可避免时，战斗机里有个装置能将飞行员安全弹出。一位乌克兰发明家在 2016 年设计出一种新型商用飞机，其机舱可以在紧急情况下与飞机的其余部分（例如发动机、油箱、货物、驾驶舱等）分离。这种机舱还配有专门的降落伞，使其能够安全着陆[17]。

三级方法 . 用后拆卸

该三级方法的逻辑是通过重新设计起点的要素，使解决方案在到期之时能被轻易拆卸。目的是降低使用后的不良副作用。该三级方法的搜索算法要求仔细解构起点，并重新设计要素，使其可以被轻松地拆卸下来。另外，拆卸下来的要素需材质大致相同，以便于回收。

产品（商业）

该三级方法在产品设计领域被称为“可拆卸设计”。它通常会使用一些智能（例如可自行拆卸的）材料，以尽量使它们易于剥离和回收，使用少量的紧固件而不是永久性的黏合剂，避免使用油漆及其他有害材料。

该三级方法在可持续建筑设计领域受到了广泛关注。大多数建筑物在最初设计时都没有考虑到它们终有一天是要被拆除的，因此当不可避免要拆除这些建筑物时就会产生大量的垃圾和污染。建筑行业遵循该三级方法，鼓励“绿色拆除”（Green Demolition），要求在最初设计建筑物时就要考虑到以后便于拆卸和回收。2016 年开放使用的荷兰芬洛（Venlo）市政厅大楼就采用了这种便于绿色拆除的设计，其设计师还向公众发布说明，详细阐述了未来不再使用这个大楼时应该如何拆除[18]。

开放式搜索算法：二级方法 . 时间重组法

在应用二级方法 . 时间重组法时，勘探家也可以采用开放式搜索，即在搜索时不带任何特定目的。采用这样的做法搜索时，效率可能比不上遵循某些三级方法的，但好处是有时候可能会产生出乎意料的终点。这种开放式搜索算法的核心被称为随时间分组（Grouping over Time，GOT）。

跟其他 LCT 的任务一样，第一步是尝试用多种不同的方法来解构起点。但这里开放式搜索算法的解构要求尽量尝试各种可能的路径，越多越好。勘探家在运用 GOT 方法时，每次解构都要按照以下要求来进行。

GOT 要求遵循一套特定的解构流程，尽可能地对解决方案生命周期内不同要素的所有组合进行测试。该流程如表 11-2 所示。每一行代表着解决方案生命周期内的不同阶段，每个阶段又包含

多个时段，这使得不同要素在同一阶段内能以不同方式来加以处理。每一列代表着起点经由不同方式进行解构而得到的不同要素。分组是指采用一种离散的方式来表述不同要素之间的关系。也可以采用连续的方式来表述各要素之间的距离如何随着时间变化而产生变化。

表 11-2 展示了一个将 GOT 算法应用到玩具中的例子，该玩具由三个要素（A、B 和 C）构成，其生命周期包含七个阶段（即生产、运输、销售、首次使用、存储、第二次使用和处置），而且每个阶段包含两个时段。例如，TP1 是指生产阶段的第一个时段，G2 是指该时段中的第二组要素关系（在同一时段中用相同组号标识的要素要组合在一起）。在表 11-2 所展示的例子中，在生产阶段，要素 A 和要素 C 在生产阶段内是分开来单独进行制造的，然后再来制造要素 B；在运输阶段，首先将要素 B 和 C 一起运输（在这个时段内均标识为 G2），然后再运输 A；在销售阶段，三个要素被组合起来出售；在首次使用和第二次使用阶段内，都是先使用 A，再把 B 和 C 放在一起同时使用；在存储阶段，三个要素放在一起存储；而到了最后的处置阶段，每个要素都可以被拆卸下来，单独处置。

表 11-2 开放式搜索算法：二级方法 . 时间重组法

生命周期的阶段	时段	要素 A	要素 B	要素 C
生产（Production）	TP1	TP1-G1		TP1-G3
	TP2		TP2-G2	
运输（Transportation）	TT1		TT1-G2	TT1-G2
	TT2	TT2-G1		

（续）

生命周期的阶段	时段	要素 A	要素 B	要素 C
销售（Sales）	TSA1	TSA1-G1	TSA1-G1	TSA1-G1
	TSA2			
首次使用（First Use）	TFU1	TFU1-G1		
	TFU2		TFU2-G2	TFU2-G2
存储（Storage）	TST1	TST1-G1	TST1-G1	TST1-G1
	TST2			
第二次使用（Second Use）	TSU1	TSU1-G1		
	TSU2		TSU2-G2	TSU2-G2
处置（Disposal）	TD1	TD1-G1	TD1-G2	TD1-G3
	TD2			

该二级方法的开放式搜索算法的目的是鼓励提供者考虑到某个解构方法下所有可能的 GOT 组合。正如前文所表明的，这个过程会耗时很长，只有当提供者不满足于当前而想要产出更多创新时，才可以将该算法作为某个三级方法的补充来使用。

注　释

1. http://www.topman.com/en/tmuk/category/try-now-pay-later-6948361/home?intcmpid=ss-2_klarna.

2. http://fortune.com/go/health/fda-novartis-car-t-kymriah/.

3. http://www.blueland.com.

4. http://greenreview.blogspot.com/2011/04/aquatina-collapsible-reusable-water.html.

5. http://www.bbc.com/culture/story/20190215-the-extraordinary-unfolding-homes.

6. https://www.nytimes.com/1990/06/23/style/consumer-s-world-coping-

with-car-stereo-theft.html.

7. http://lifetop.eu/products.

8. http://www.oranfresh.com/en/.

9. https://www.wired.com/2008/05/adjustable-hot/.

10. https://detail.tmall.com/item.htm?spm=a21m2.8958473.0.0.525579e4uvsGRN&id=588152075320.

11. https://www.sleepnumber.com/360.

12. https://www.rinspeed.eu/en/Presto_35_concept-car.html#mehrlesen.

13. https://www.mitsuichem.com/en/release/2018/2018_0208.htm.

14. https://www.yankodesign.com/2008/01/31/the-dry-side/.

15. https://www.elle.com/beauty/makeup-skin-care/a23724924/dyson-airwrap-hair-styler-review/.

16. https://www.lonelyplanet.com/news/2016/05/12/shooz-worlds-modular-travel-shoe/.

17. https://www.cnn.com/travel/article/detachable-cabin-futuristic-plane/index.html.

18. https://www.c2ccertified.org/news/article/built-positive-principles-play-key-role-in-venlo-city-halls-sustainable-des.

第 12 章

二级方法．空间重组法

空间重组法是基于多个要素关系内生表的二级方法，通过重塑起点中某些要素之间的空间关系来产生有价值的新方案。这与蛋白质根据其一级（序列）、二级和三级结构的不同空间排列来获得特定功能的原理相似。空间结构中更普遍的情形是，在一级结构中一个元素可能与其他多个元素相连（而不像蛋白质序列中只连接两个元素），从而使其关系更为复杂，这也使得一级结构（序列）不再有意义。空间关系的两个问题揭示了该二级方法的核心：每个要素和其他哪些要素相连？互不相连的要素之间是什么关系（例如，它们之间的空隙有何意义）？二级方法．空间重组法还可与二级方法．时间重组法（第 11 章）相结合来应用，例如通过空间层面的重组来产生随时间变化的方案；相关的例子会根据其侧重点在这两章中的相应章节中进行讨论。

该二级方法的逻辑是通过对解决方案中不同要素的空间关系进行重新排列，以达到找到替代方案、提升功效、增加提供者盈余和降低易受损的（风险）的目标，从而创造出有价值的新方案。

搜索算法要求仔细检查要素之间的关系，以及它们（主要指在结构和功能上）在空间结构中可以如何重新排列。通常，勘探家可以更改静态或流动（动态）（即包括使用者在内的广义上的实体在空间关系的引导下如何体验解决方案）的变量，包括：表象，静态变量；界面（与外部环境中的人和 / 或其他实体一起），静态变量；人员流动，该动态变量与空间设计有关，这是一个研究人类在内部和外部空间中移动轨迹的新兴研究领域[1]；非人员要素（例如信息、材料、能量等）的流动，动态变量。

本章将对该二级方法下属的七个三级方法（见表 12-1）进行详细讨论，但要注意的是这里并未囊括所有可能的三级方法，而且新的三级方法还在不断涌现中。其中有一个方法旨在找到替代方案，四个旨在提升功效，一个旨在增加提供者盈余，还有一个旨在降低易受损的（风险）。还可以根据特定的搜索变量将这些方法分为四类。第一类中的两个三级方法致力于更改表象：**“非常态布局”**将终点与起点分离；**“引导特定行为”**引导人员根据表象采取特定的行为。第二类中的两个三级方法致力于更改界面：**“人性化界面”**通过重新排列要素，让使用者能更加舒适地使用解决方案；**“拒绝使用”**通过重新排列要素，以防止使用者未经授权而使用解决方案。第三类中的两个三级方法致力于更改人员流动：**“高效人员流动”**通过重新排列要素，使操作人员或使用者能够更快地达成目标；**“引导人员特定流动”**引导人员以特定方式流动，使得提供者盈余最大化。第四类中只有一个三级方法，即**“高效非人员流动”**，它致力于通过加速非人员要素的流动，使它们更易于获取（例如，使某些信息更易于被使用者获取）。

表 12-1　二级方法．空间重组法下属的七个三级方法

目标	特定的搜索方向			
	表象，静态	**界面，静态**	**人员，流动**	**非人员，流动**
满足之前从未被满足的（使用者）需求				
找到替代方案	非常态布局			
提升功效	引导特定行为	人性化界面	高效人员流动	高效非人员流动
增加提供者盈余			引导人员特定流动	
减少使用者耗费				
降低（不想要的）副作用				
降低易受损的（风险）		拒绝使用		
减少局限				
满足不同需求（用户、场景）				

三级方法．非常态布局

该三级方法的逻辑是将起点中的要素进行分离，以便可以按照非常态的方式重新排列这些要素。目的是通过大幅更改要素的布局方式，来找到替代方案。该三级方法的搜索算法首先要仔细解构起点，然后评估哪些要素可以用非常规的方式来重新排列，而且仍合乎情理。

传播（商业）

大多数印刷语言都是按照从左到右、从上到下的顺序来进行阅读的，但也存在例外。有些语言是按照从右到左的顺序来书写和阅读的，例如阿拉伯语、希伯来语、波斯语、乌尔都语和信德语等。古汉语也是按照从上到下、从右到左的顺序来书写的。

绘画（艺术）

还可应用该三级方法将艺术的独特性融入绘画创作，这也被称作“扭曲的艺术”。扭曲的艺术通过将画中的人（或物体）的不同部位重新排列，使它们全都错位。例如，可将一张脸图划分为许多块三角形，然后将这些三角形（几乎是随机地）重新排列后再放回脸图上[2]。

三级方法 . 引导特定行为

该三级方法的逻辑是将起点中的要素分离，以此来引导使用者做出特定的行为，从而达到提升功效的目标。该三级方法的搜索算法首先要仔细解构起点，然后评估哪些要素（或整体解决方案）可以重新排列，以引导使用者做出提供者所期望的行为。

传播（商业）

该三级方法的一个应用是加拿大脊柱推拿疗法协会的户外广告

牌[3]。广告牌上的大字标语写着："别再这样生活下去了。去看正骨医生吧。"这条标语向左旋转了 90 度。因此，受众看到这个广告牌时，他们很可能会向左歪头来阅读这条标语。如果他们的颈部有问题，这种引导性动作可能会引发疼痛，从而向他们清楚证明，他们确实有必要去看正骨医生了。

产品（商业）

与此类似，一家啤酒公司将其标签上的部分内容上下颠倒打印（见图 12-1），从而引导客户翻转瓶子来阅读。这种设计的初衷是让消费者在饮用前将瓶底的沉积物（酵母和维生素 B）与啤酒充分混合，从而为他们提供最优价值和最佳饮用体验。

图 12-1　上下颠倒的啤酒瓶标签

三级方法．人性化界面

该三级方法的逻辑是将起点中的要素分离，并重新排列，使其更加人性化。目的是通过设计对使用者更加友好的界面，来提升功效。该三级方法的搜索算法首先要仔细解构起点，然后评估哪些要素（或整体解决方案）可以重新排列，以满足某些特定人群以及（或者）某些特定使用场景的需求。在应用该三级方法时，需要确定目标用户或目标使用场景，并在充分理解要素特性和需求的基础上，将这些要素重新排列，这非常重要。

该三级方法与人性化设计（因此得名）相关，但并不完全相同。在 LCT 的框架下，该三级方法仅对要素进行重新排列，而不会对其进行任何实质性的更改。因此，该三级方法可以看作进行人性化设计时可用的一类工具。

产品（商业）

该三级方法经常被应用于产品设计。键盘的设计就是一个很好的例子。可以对字幕键进行一些微调，从而使得键盘更加人性化。例如，可以将键盘略微倾斜一定角度。然而，更大幅度的调整可以满足非寻常用户及使用场景的需求。例如，重新排列按键，专为左撇子用户设计的左手键盘。另一个例子是专为那些单手打字的使用者，包括那些无法用双手打字的使用者，而设计的单手键盘[4]。

三级方法．拒绝使用

该三级方法的逻辑是将起点中的要素分离并重新排列，以防止未经授权的实体（例如人、动物、软件等）使用解决方案。目的是通过拒绝使用（因此得名）来降低风险。该三级方法的搜索算法首先要仔细解构起点，然后评估哪些要素（或整体解决方案）

可以重新排列，以使得未经授权的实体难以使用。未经授权的人员包括那些怀有恶意动机的人（例如小偷）以及可能误用解决方案的人（例如儿童）。

产品（商业）

该三级方法可用于产品设计领域，使产品能更有效防盗。其中一个例子是意大利品牌曼富图（Manfrotto）[5]的新款后开启式双肩包。为防止包中的贵重物品被盗，设计师将这款双肩包主体部分的打开位置移到了面向使用者一侧，这样背包只有在未被使用时才能打开，而当使用者背着包时无法打开。而 RiutBag 更是将该三级方法运用到了极致，所有的开口都面向使用者[6]。

三级方法．高效人员流动

该三级方法的逻辑是将起点中的要素分离并重新排列，以促进人员的高效流动。目的是通过让操作人员以及 / 或者使用者更快速、更顺畅地行动，来提升解决方案的功效。该三级方法的搜索算法首先要仔细解构起点，然后评估哪些要素可以重新排列，以使人们更高效地流动。这本质上是一个优化问题，适用于运筹学、建筑设计、城市规划等领域。在零售商店、仓库、工厂、商场和城市中也可以见到相关应用。

零售（商业）

该三级方法被广泛应用于零售店收银台的设计，或者任何有多个服务台（可能是人工服务，也有可能是完全自助式服务）并且人们需要排队等候来使用服务的地方，例如在酒店办理入住、在机场办理登机，或是在快餐店取餐等。在传统零售店中有许多收银台，每个收银台都有一名收银员服务，而顾客在各收银台前排队等候被服务。然而，这对顾客来说并不是最高效的解决方案，因为有些收银员比其他收银员动作更迅捷，而且有些顾客办理的业务也比其他顾客耗时更短。因此，一些收银台前的队伍比其他队伍向前移动的速度更快，这会促使有些顾客从一个队伍换到另一个队伍，因为大家总想排在最短的队伍里。而那些留在慢队的顾客可能会感觉不太公平，满意度降低。因此，商家们开始采用一种被称作“蛇形排队法”的方式来解决这个问题[7]。蛇形排队法只有一条队伍（即将所有顾客汇聚到一条队伍之中），当一个收银台空出来可以接待下一位顾客时，排在队伍首位的顾客就可以直接过去。

三级方法 . 引导人员特定流动

该三级方法的逻辑是将起点中的要素分离并重新排列，以引导某种特定类型的人员流动。目的是通过改变使用者在使用解决方案时的移动轨迹，来增加提供者盈余。该三级方法的搜索算法首先要仔细解构起点，然后评估哪些要素（或整体解决方案）可以重新排列，以引导人员（操作人员或使用者）按照提供者所期望的轨迹移动。

零售（商业）

该三级方法被应用于购物中心和零售店的设计中，效果显著。与三级方法．高效人员流动不同，三级方法．引导人员特定流动的目标不是创造最高效的人员流动，而是促成对提供者最为有利的人员流动。

不同类型的零售商店采用不同的布局，以引导顾客按照特定的行进轨迹来购物[8]。例如，超市通常使用网状布局，其过道两侧都放置了商品。这种布局会使得顾客必须沿着长长的过道去找寻他们想要购买的商品，同时也让他们接触到其他可能感兴趣的商品。店家还会把促销商品以及大部分到店顾客都会购买的畅销商品（比如牛奶）放在最里面，使得顾客必须途经许多其他商品货架才能找到这些商品，而在途经过程中可能会买一些他们本来并不打算买的东西。此外，零售店还可能会改变货架上商品的陈列，来引导顾客行为。

三级方法．高效非人员流动

该三级方法的逻辑是将起点中的要素分离并重新排列，以促进信息、物质、能源和其他非人员要素的有效流动。目的是通过优化流程来提升功效。该三级方法的搜索算法首先要仔细解构起

点，然后评估哪些要素可以重新排列，以使得某些非人员要素可以实现高效的（包括对用户友好的）流动。

产品（商业）

应用该三级方法使得材料高效流动的一个例子是倒置的洗发水或护发素瓶[9]。在重力的作用下，瓶内液体产品向下流向瓶口，从而在使用时更容易取出。这种瓶子也同样适用于调料产品。例如，亨氏番茄酱在 2000 年年初也采用了相同的瓶身设计。在汽车行业，通过重新排列发动机和传动系统的位置可以将汽车设计成前轮驱动或后轮驱动[10]。不同的驱动设计会为汽车在不同使用场景下的使用提供独特的优势。

软件（商务）

该三级方法可应用于软件设计，让使用者更方便地找到所需信息，以及在使用网站、手机应用程序和其他软件包（如 Microsoft Office）时跳转得更加流畅[11]。例如，可通过重新排列网页上的内容并重构网页之间的链接方式，来实现网站流量优化。

组织结构（商业）

该三级方法还可以通过重构不同成员之间的信息沟通方式来重

新设计组织信息流。公司可以采用金字塔形或扁平化组织结构，成员可以通过实线（直接汇报）和虚线（间接汇报）方式来联系其他成员。

开放式搜索算法：二级方法 . 空间重组法

在应用二级方法 . 空间重组法时，勘探家也可以采用开放式搜索，即在搜索时不带任何特定目的。采用这样的做法来搜索时，效率可能比不上遵循某些三级方法，但好处是有时候会产生出乎意料的终点。从概念上讲，勘探家可采用以下两种方法来进行该二级方法中的常规搜索：一种基于乐高（Lego），另一种基于图论。

乐高是紧紧相扣的塑料积木，可以通过多种组装和连接方式来搭建物体。从概念上而言，基于乐高的开放式搜索算法是将起点分解为许多要素，每个要素都可以看作是一块乐高积木。虽然所有要素都被设计成可相互连接的，但在应用该二级方法时，勘探家必须针对每个要素给出可与之相连的可行要素集合。该搜索算法的目标是在每个要素都只能与其相应可行要素集合中的要素连接的前提下，重新排列要素。该开放式搜索算法可以通过编写专门的软件程序来实现。

另一种搜索方法是将该二级方法进一步抽象化，并将其视为图论的一个应用稍加改变。图论是数学的一个分支。图论中的图是由一些节点以及节点之间的连接线所构成的。勘探家可以用一个类似图形（Quasi Graph）来表示解构后的起点，其与标准图

形存在如下区别：①节点可以是二维或三维的，也可以是零维的（即一个点），每个节点都对应一个要素；②连接两点之间的线的长度（实线）表示两个相互连接的要素之间（概念上或真实）的距离，若距离为零则表示两者之间没有距离；③虚线则表示两个不相连要素之间（概念上或真实）的距离；④勘探家可以自行定义外部空间标识，例如上、下、左、右等。在应用该二级方法进行开放式搜索时，勘探家可以将一个要素固定，然后尝试旋转该要素周围与之相连或不相连的要素，看解决方案会如何变化。此外，勘探家还可以尝试每次断开一根或者几根连接线，以使得相关要素互不相连，或者将其与其他要素重新连接。勘探家还可以尝试缩短以及／或者拉长要素之间的连接线。虽然该开放式搜索算法比前面介绍的乐高搜索算法更为复杂，但也可以通过编写专门的软件程序来实现。

注　释

1. https://en.wikipedia.org/wiki/Spatial_design.

2. https://jeremyolson.com/2008-2010.

3. https://workingnotworking.com/projects/63695?changefreq=monthly&priority=1.

4. https://www.beeraider.com/one-handed-keyboard/.

5. https://www.manfrotto.us/advanced-camera-and-laptop-backpack-rear-access.

6. https://www.theverge.com/circuitbreaker/2016/10/12/13254302/riutbag-r15-backpack-review.

7. https://www.cnn.com/style/article/design-of-waiting-lines/index.html.

8. https://www.instorindia.com/art-of-retail-store-layout/.

9. https://www.dove.com/in/hair-care/shampoo/dove-regenerative-repair-shampoo.html.

10. https://en.wikipedia.org/wiki/Car_layout.

11. https://techcommunity.microsoft.com/t5/Excel-Blog/Modernized-Data-Import-and-Shaping-Experience/ba-p/88175.

第 13 章

二级方法 . 因果法

因果法是基于多个要素关系内生表的二级方法，通过重新设计起点中要素的状态，使之根据另一个要素的状态或外部因素（例如温度）而进行调整，从而在两个或多个要素之间（或者是在要素和外部因素之间）引入因果关系，或者通过改变现有的因果关系，来产生有价值的新方案。其逻辑是通过改变要素之间以及/或者要素与外部因素之间的功能关系，以达到提升解决方案的功效、增加提供者盈余、降低（不想要的）副作用和易受损的（风险）的目标。在运用该二级方法时，因果关系会自动生效，无须用户干预。

为了帮助读者更好地理解该二级方法的应用，我定义了三种因素：提供者因素、使用者因素和第三方因素。提供者因素（Provider Factors，简称 P 因素）是企业可加以控制（调整）的因素，通常与解决方案中的要素相对应，并由提供者决定如何实现。例如，移动手机的 P 因素包括屏幕、相机、存储空间等。使用者因素（User Factors，简称 U 因素）不受提供者控制，比如使用者的性别、使用者的消费数量、使用时间等。移动手机的 U 因素包括使用者手掌的大小，手机不用时的存放位置等。第三方因素（Third-Party Factors，简称 T 因素）不由提供者或使用者决定，但会影响解决方案的使用者体验（和效果）。手机的 T 因素包括手机平时使用和存放期间外部环境的温度和湿度等。因此，该二级方法也被称作 PUT 方法。

搜索算法要求仔细检查上述三种因素之间的功能关系，然后尝试调整其中一个要素的状态，看是否会增加或减少其与其他要素（P 因素）以及 / 或者外部因素（包括 U 因素和 T 因素）的功能关系。这会产生三种搜索路径：①让要素的状态根据另一个要素的状态而实时自动调整；②让要素的状态根据使用者的特征（例如手掌大小）而实时自动调整；③让要素的状态随着第三方因素的状态（例如室温）的变化而实时自动调整。本章结尾将介绍该二级方法的开放式搜索算法。

本章将对该二级方法下属的七个三级方法（见表 13-1 ）进行详细讨论，但要注意的是这里并未囊括所有可能的三级方法，而且新的三级方法还在不断涌现中。其中有两个方法旨在提升功效，两个旨在增加提供者盈余，一个旨在降低（不想要的）副作用，另

外两个旨在降低易受损的（风险）。还可以根据特定的搜索变量将这些方法分为三类。第一类中的两个三级方法致力于对解决方案中的一个或多个要素进行重新设计，使其状态根据另一个要素的状态而自动调整：**“警告”**使解决方案能够提醒使用者注意关键要素的状态；**“保险”**通过增加其他要素（例如价格）的价值来抵消不良要素的影响，从而降低使用者易受损的（风险）。第二类中的三个三级方法致力于重新设计解决方案中的一个或多个要素，使其能根据使用者的特征自动调整：**“适应使用者”**通过适应使用者的需求和偏好来提升功效；**“需求定价”**通过按需调价来增加提供者盈余；**“引导行为”**通过引导使用者采取无副作用或副作用较少的行为来降低解决方案的副作用。第三类中的两个三级方法致力于重新设计解决方案的一个或多个要素，使其状态根据第三方因素自动调整：**“适应环境”**通过适应环境来提升功效；**“环境定价”**根据外部环境因素来调整价格，从而增加提供者盈余。

表 13-1　二级方法 . 因果法下属的七个三级方法

目标	特定的搜索方向		
	提供者因素（P）	使用者因素（U）	第三方因素（T）
满足之前从未被满足的（使用者）需求			
找到替代方案			
提升功效		适应使用者	适应环境
增加提供者盈余		需求定价	环境定价
减少使用者耗费			
降低（不想要的）副作用		引导行为	
降低易受损的（风险）	警告 保险		
减少局限			
满足不同需求（用户、场景）			

三级方法．警告

该三级方法的逻辑是在起点中构造出一个要素，使其根据另一个要素的状态自动调整，以达到降低易受损的（风险）的目标。该三级方法的搜索算法首先要仔细解构起点，然后找出哪个要素的状态需要实时传达给使用者，以避免潜在的风险。此外，还需要重新设计其他要素，以便将关键要素的状态信息及时传达给使用者，或者先行将发现问题的要素状态调整到安全范围内。

产品（商业）

该三级方法被应用于产品创新领域。例如，热敏变色杯的颜色会根据杯内液体的温度变化而发生变化，从而给使用者提供了视觉提示，以防烫伤。出于同样的目的，类似的热敏处理也可被应用于杯盖的设计。分级刹车灯系统（该系统在美国和加拿大禁用）可以根据刹车踏板所受的压力来动态调节刹车灯的亮度，以提醒后方车辆注意前方驾驶员突然的速度变化。同样地，电子设备内装有保险丝，当电流超过设定阈值时，保险丝就会熔断。

三级方法．保险

该三级方法的逻辑是在起点中构造出一个要素，使其根据解决方案中另一个要素的状态来自动调整，目的是降低使用者的不确定性。该三级方法的搜索算法首先要仔细解构起点，然后从使用者的

角度来评估哪个要素的功能具有不确定性，再找出该要素的不确定状态是否可与其他要素的可控状态相关联，以抵消不确定性。发送有关解决方案质量的强烈信号也是该三级方法的一个应用。

促销（商业）

当解决方案的某些方面令人不满意时，可应用该三级方法，通过提供激励来降低使用者的不确定性。达美乐的成功可归功于其承诺30分钟内送达的促销活动。活动中达美乐比萨的价格取决于其配送所用时间的长短，而配送时间又取决于解决方案中的其他要素，包括餐厅制作比萨的速度以及外卖员配送比萨的速度。1993年，达美乐在一场由于外卖员车祸引发的官司中支付了七位数的赔偿后，停止了这个活动。诉讼认为，事故发生的主要原因是达美乐给外卖员施加了过大压力，要求其必须在30分钟内送达[1]。尽管达美乐现在已不再承诺30分钟内送达，但消费者至今仍然记得这一活动。该活动当初发起的目的并不是给消费者免费比萨或打折，而是保证及时送达，以此来消除解决方案相关的不确定性。如今，许多比萨和其他餐饮外卖服务都会提供类似的保证，即如果餐食未能在承诺时间内送达，消费者可享受价格折扣甚至免单。像亚马逊这样的大型电商平台也给出了类似保证，即如果商品未能按照承诺及时送达，则会退还运费。

三级方法．适应使用者

该三级方法的逻辑是构建起点中的要素，使其根据使用者的特征实时自动调整，以提升解决方案的功效。该三级方法的搜索算法首先要仔细解构起点，然后评估哪个要素的功能最好能根据使用者的一个或多个特征来调整，从而为使用者提供更高的实用性。

产品（商业）

该三级方法经常被应用于产品设计。青蛙王子（Frog Prince）变色唇膏的膏体是祖母绿色的，但在使用时会变成粉红色。唇膏最终呈现的颜色是因人而异的，因为其取决于嘴唇的 pH 值和底色[2]。由 Kickstarter 众筹平台集资赞助现已发售的 Backstrong 椅子是该三级方法应用的另一个例子。这款椅子由两部分组成，座椅和为背部提供支撑的靠背（也称小摇椅）。小摇椅可自由旋转，而且可以根据人的坐姿而实时自动调整，从而为背部提供更好的支撑[3]。

三级方法 . 需求定价

该三级方法的逻辑是将起点中一个可控要素的值与一个或多个使用者因素的值实时关联。通过从不同的使用者身上赚取不同的价值，以达到增加提供者盈余的目标。在商业领域中，该三级方法最常被应用于定价方面的创新。该三级方法的搜索算法首先要仔细解构起点，然后评估如何将要素（或整体解决方案）与某个特定的使用者特征相关联，从而为提供者创造更多价值。

定价（商业）

该三级方法经常被应用于根据实时需求波动或不同使用场景来动态调整解决方案的价格。新的解决方案既能为使用者创造更多价值，又增加了提供者的盈余。

根据使用者因素进行动态定价的一个例子是数量折扣。使用者决定购买数量，但提供者可以将价格（或解决方案的其他方面，例如服务）与使用者要购买的数量相关联，购买数量多的使用者可以获得更好的服务。这种做法在 B2B 和 B2C 行业都很常见。

优步和许多打车服务平台常采用“高峰定价”的方式来进行动态定价[4]。在高峰定价的方式下，收费价格在高峰时段以及 / 或者该区域驾驶人不足时会增加。在此情形下，提高收费价格会激励更多的驾驶人提供服务，而且也有利于确保那些愿意支付高价的乘客及时获取服务，因为那些拥有较低支付意愿的乘客在此时不愿付高价乘车。一旦该区域内驾驶人与乘客的数量重新恢复平衡，收费价格就会恢复到正常水平。这种高峰定价的方式也为打车服务平台和驾驶人创造了更多的提供者盈余。

该三级方法也可被应用于非常规用途。在伦敦的证券交易主题酒吧，饮品价格会根据供求关系上下浮动[5]。屏幕上显示每款酒水的实时价格，其会根据当时的购买人数而浮动。这种定价方式使消费者的购买体验更加有趣，同时酒吧也可对那些滞销的酒品促销，并获取更高收益。

航空公司通常也会应用该三级方法，根据实时需求为其产品 /

服务定价。其收入管理系统还可以根据消费者购买解决方案的时间来调整价格。例如，航空公司的商务舱座位通常在临近出发日期时会非常昂贵，这是因为大多数商务旅客在行程安排上几乎没有灵活性，并且对价格不太敏感。

交通（公共政策）

该三级方法也可被应用于解决大城市的市内交通和高速公路的拥堵问题（某些政策会使用时间等外部因素来抽象化使用者特征，例如拥有的汽车数量）。在 2019 年，纽约市成为第一个批准拥堵定价的美国城市[6]。在最繁忙的街区（从中城第 60 街到炮台公园）行驶的驾驶人在高峰时段需要支付超过 10 美元（货车的费用更高）的通行费，该费用在夜间和周末会变低。马里兰州和弗吉尼亚州还对高速公路行程实施拥堵定价（也称浮动通行费）。华盛顿特区附近 66 号州际公路上的多人共乘车辆专用快车道如今也向单人单车开放，但需要收取通行费，且通行费会根据需求而上下浮动[7]。

三级方法．引导行为

该三级方法的逻辑是构造起点中的要素，使其根据使用者的特征实时自动调整，从而改变解决方案的某些功能，以引导使用者做出某些特定行为。该三级方法的搜索算法首先要找出那些想要规避的使用者不良行为，然后仔细解构起点，再评估可以修改

哪些要素，从而在使用者做出不良行为时，这些要素的功能会发生改变，以引导使用者做出提供者所期望的行为。

产品（商业）

该三级方法有一个非常巧妙的应用，即2010年索尼在英国推出的LX 3D电视[8]。如果电视监测到儿童离屏幕太近，电视屏幕上的图像就会变得模糊不清，只有当孩子移到一个安全的距离时才会恢复清晰。这样可以防止儿童离电视机太近（许多孩子都这样做），以保护他们的视力。这项创新可以用作反向搜索的起点。勘探家可以将图形类型的控制因素替换成类似声音等其他类型的因素，并采用另外的使用者信号作为判断标准，例如观众的数量或者观众保持一个姿势不动的时间，来创造新方案（例如，当观众保持一个姿势不动达到30分钟时，电视会自动关机或提高音量）。在使用反向搜索的方法来进行类似创新时，勘探家甚至可以尝试用其他电子设备（如智能手机）替换上述例子中的电视，来实现类似的功能。例如，当智能手机检测到使用者在走路时看手机时，手机屏幕就会变得模糊，以保障其安全。

三级方法 . 适应环境

该三级方法的逻辑是构造起点中的要素，使其根据第三方因素实时自动调整，以提升解决方案的功效。该三级方法的搜索算法首先要仔细解构起点，然后评估要素的哪些功能最好能根据一个或多个第三方因素进行调整，从而提升使用者的效用。

生物学（自然界）

该三级方法在自然界中最著名的应用是变色龙。有些种类的变色龙可以根据外部环境来改变其皮肤的颜色，以此来实现伪装、发出社交信号和应对温度变化等主要功能。

产品（商业）

该三级方法现已被广泛应用于产品创新。现在的智能手机（和电脑显示器）的屏幕通常都能根据外界的光线强度来自动调节亮度，以提供更好的视觉使用体验。类似地，变色镜片会根据紫外线强度自动从透明无色变为深色，以此来保护佩戴者的视力，而且也更方便眼睛视物。同样地，现在很多汽车的雨刷器可以根据雨的大小和车子行进的速度而自动调整雨刷的工作速度。

三级方法．环境定价

该三级方法的逻辑是将起点中一个可控要素的值与一个或多个第三方因素（通常是）实时的值相关联。通过从不同的顾客身上赚取不同的价值，增加提供者的盈余。在商业领域中，该三级

方法最常被应用于定价方面的创新。该三级方法的搜索算法首先要仔细解构起点，然后评估如何将要素（或整个解决方案）的值与一个或多个第三方因素的值相关联，从而为提供者创造更多价值。其中，第三方因素值的变化，有可能是遵循一定规律的（例如，下午五点总是发生在下午四点之后的一小时），也有可能是随机的（例如，明天早晨下雨的概率是30%）。

定价（商业）

餐饮业常见的“折价供应时段”（Happy Hour）就是该三级方法的一个应用。许多餐厅会选取一天中的某个时间段，将饮料（有时甚至是开胃菜）进行折价供应（例如，工作日下午六点前半价）。勘探家可以将其用作反向搜索方法的起点，再尝试找出其他可能的功能关系，例如将每份供应量与特定时间相关联。举个例子，餐厅在快要打烊时，可以增加某些菜品（例如生鲜、鱼等）的每份供应量，以避免浪费。也可以将价格与某些随机事件相关联（例如，如果今晚的足球赛本地球队获胜，则酒水半价供应）。

在应用该三级方法时必须非常谨慎，以避免给顾客留下贪婪的印象。因为只有当使用者认为自己被公平对待时，才会接受这种做法。最著名的反例之一是半路流产的可口可乐自动售货机。当气温升高时，这台售货机会自动抬高其饮料的售价，这是因为可口可乐公司相信消费者在天气炎热时对冷饮的需求会增多，因此也愿意支付更高价格来购买冷饮。1999 年时任可口可乐公司董事长兼首席执行官的 M. Douglas Ivester 在巴西某新闻杂志上宣布投放该机器的计划时，许多消费者认为这种做法有失公平，因为他们感觉可口可乐公司在消费者真正需要消费冷饮产品的时候，故意抬高售价来占消费者的便宜。百事可乐公司没有放过这次痛击竞争对手的机会。该公司的发言人声称："我们相信，在高温天气下提价的售货机对居住在炎热地区的消费者不公平。百事可乐致力于通过创新使消费者购买软饮的过程变得更加容易，而不是抬高消费门槛使之变得更难。"[9] 结果，可口可乐公司的这种自动售货机从未真正在市场上投放，而且可口可乐公司的股价也因此受到了打击。后来为了止损，可口可乐公司发表声明说这种自动售货机将在高温天气降低而不是抬高其饮料的售价。十年后，可口可乐公司推出了西班牙 Limon & Nada 品牌旗下柠檬水的自动售货机，该品牌由可口可乐子公司美年达（Minute Maid）所有。当气温在 26 ～ 29℃时，消费者可享有 30% 的折扣；当气温高于 30℃时，则可享有 50% 的折扣[10]。在高温天气提高售价以便在消费者身上赚取更多利润的做法，尽管在理论上是可行的，但必须充分考虑该场景下消费者的实际感受。

开放式搜索算法：二级方法 . 因果法

在应用二级方法 . 因果法时，勘探家也可以采用开放式搜索，即在搜索时不带任何特定目的。采用这样的做法来进行搜索时，

效率可能比不上遵循某些三级方法的，但好处是有时候可能会产生出乎意料的终点。该二级方法的开放式搜索算法包括两个步骤：①确定要修改哪些关系（及其相关因素）；②对于每个选定的关系，找出有价值的关系来进行替代。

第一步是必需的，这是因为即便是开放式搜索算法，在实际应用 LCT 时通常也无法检查所有可能的关系，而且随着因素数量的增长，因素之间关系的数量会增长得更快。当然，检查所有可能存在的关系终究也是一种选择。在确定出所有的提供者因素（P 因素）、使用者因素（U 因素）和第三方因素（T 因素）之后，勘探家应仔细选出那些最有潜力（且可实施）的 P 因素子集、U 因素子集和 T 因素子集。最后，勘探家应列出两个或多个因素（至少要包含一个 P 因素）之间可能的关系并进行评估，然后从中选出那些可改变且有潜力的关系。为了便于检查，我特地绘制了一个图，以使得在应用 LCT 时能够快速找出所有可能的关系。图 13-1 的矩阵中每一列包含所有被选中的 P 因素、U 因素和 T 因素，按照顺序从上往下排列。要注意在第一列中仅包含 P 因素。画出该矩阵后，勘探家可以从左往右绘制对角线。从主对角线（即从左上角一直画到右下角）开始，往左下方延伸。任何一条从第一列（即从某个 P 因素）开始并终止于其他任意一列的某个因素的线条都代表着一种可能的关系，以便后续查验。连接第一列和第二列之间的线条总数代表了所有可能的双因素关系的总数，而连接第一列和第三列之间的路径总数也代表了所有可能的三因素关系的总数，并依此类推。在应用 LCT 时，需要决定哪些关系有潜力，值得进一步探究。如图 13-1 所示，即便一个只包含五个因素（2P-1U-2T）的简单模型，其中所包含关系的数量也已经相当多了。

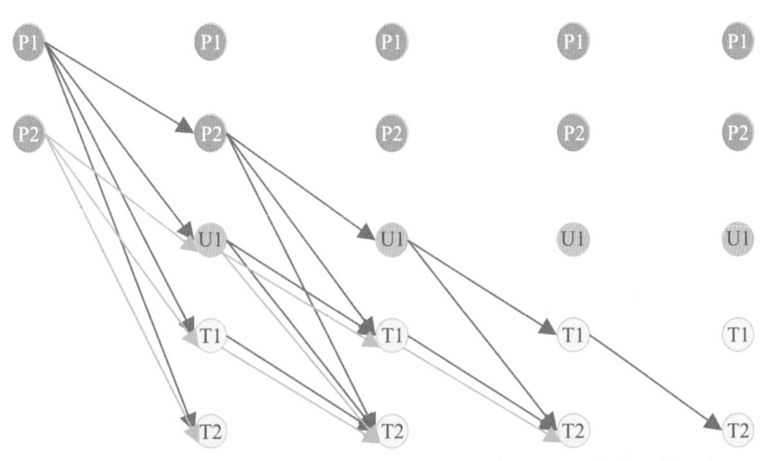

图 13-1　用矩阵展示五因素模型中 PUT 因素之间可能关系的示例

图 13-1 中的对角线（关系）仅向左下方延展，这是因为其他方向上的线条都是多余的：水平方向的线条连接的是同一个因素，而且往右上方延展的任何垂直的线条或对角线在左下方已经有与之相同因素的连接线了，而由于因素和关系并不分先后，因此右上方和左下方包含相同因素的线条在关系表述上是完全相同的。

第二步是对选定的关系进行研究，并尝试修改，使其更有价值。勘探家可以采用以下步骤：

- 确定每个选定关系的函数关系（从两个因素到 N 个因素），并画出矩阵图来表示（尤其是双因素功能关系）。
- 改变现有的（函数）关系，并用其他函数关系来替代。可考

虑使用的函数关系包括：①无关系；②连续型函数关系（例如，线性函数、二次函数、多项式函数等）；③离散型函数关系（例如，阶跃函数）；④随机型函数关系。

- 评估修改后的功能关系是否具有（商业）价值和可实施性。
- 改进新的解决方案。
- 重复该过程，并选出最具吸引力的解决方案。

如图 13-2 所示，我接着上一个例子中的双因素功能关系来解释第二步的操作过程。为便于理解，我用二维形式来进行展示说明。每个单元格内都包含一个展示特定函数关系的小图，其中 y 轴表示 P 因素，x 轴表示其他因素（可以是 P 因素、U 因素或 T 因素）。

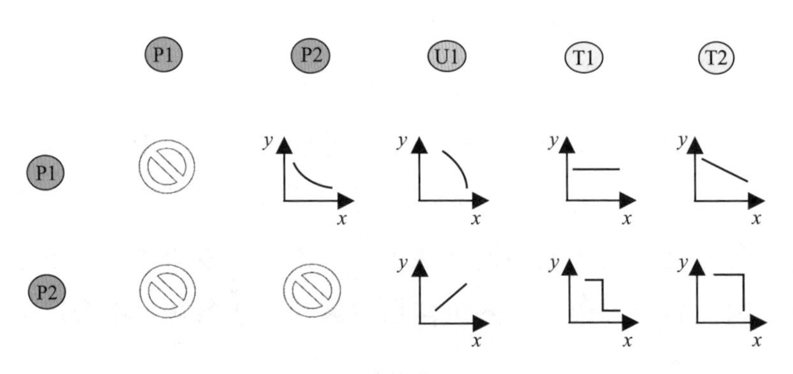

图 13-2　功能关系展示图

关于如何使用该二级方法来找到别人想不到且有价值的创新，我谨提供两个建议：

- 首先，找到一个尽可能详尽的 U 因素、T 因素的集合。（P 因素通常更容易识别出。）这样做会带给你非常多的可能性，也能帮你建立竞争优势，因为竞争者很可能会识别出相同的 P 因素，但通常可能会忽略一些 U 因素和 T 因素。

- 尝试多种函数关系，例如包含三个（甚至更多）因素的复杂函数关系，并可以在因素的不同区间内采用不同的函数关系。

注　释

1. https://www.wsj.com/articles/SB119784843600332539.
2. https://lipstickqueen.com/eu/frog-prince-2.html.
3. https://www.kickstarter.com/projects/336764497/the-backstrong-chair-fixes-how-you-sit-let-it-do-t.
4. https://www.uber.com/drive/partner-app/how-surge-works/.
5. https://www.marketwatch.com/story/when-this-market-crashes-traders-get-trashed-2015-07-17.
6. https://www.nytimes.com/2019/03/26/nyregion/what-is-congestion-pricing.html.
7. https://www.wired.com/story/virginia-i66-toll-road/.
8. https://economictimes.indiatimes.com/industry/cons-products/electronics/sonys-super-smart-tv-blurs-if-kids-sit-too-near/articleshow/6036850.cms.
9. https://www.nytimes.com/1999/10/28/business/variable-price-coke-machine-being-tested.html.
10. https://adage.com/creativity/work/temperature-controlled-lemonade-pricing/28383.

第三部分

一级方法 . 替代法

这一部分将介绍 LCT 方法的第二个一级方法，即替代法。第 14 章将介绍替代法的逻辑基础，并简要概述与之相关的两种二级方法，即联想法和突变法（书中没有正式收录这两种方法）。第 15 章详细介绍了二级方法 . 抽象法，第 16 章详细介绍了二级方法 . 逆向法。第 15 章和第 16 章中，首先对二级方法进行总体概述，然后应用创新实例详细讨论相关的三级方法，最后简要介绍了二级方法对应的开放式搜索算法。

第 14 章

一级方法 . 替代法概述

一级方法 . 替代法的作用机制与无机化学反应中单次置换反应的原理（见图 14-1），以及生物学中的基因突变的原理相似。这些反应的主要共同点在于它们可以通过替换要素（例如原子、核苷酸），创造出和原分子（起点）具有不同特征的新分子（终点）。替代法正是依据化学和生物学领域的这种创新方式演化而来的。

图 14-1 置换反应

具体来说，替代法采用以下开放式搜索算法：①确定一个合适的起点（现有的解决方案）；②对其进行解构；③保持起点的结构基本不变，把现有的要素换成新的可以和原有方案中的其他要素相匹配的要素，从而生成一个新的解决方案（终点）；④评估替换成新的要素，能否给解决方案带来额外的价值。与一级方法 . 内生法不同，一级方法 . 替代法通常会引入有根本性区别的新要素。

在接下来的两章中，我将详细介绍与替代法相关的两个二级方法。二级方法 . 抽象法（第 15 章）旨在寻找与现有解决方案相类似的要素，而二级方法 . 逆向法（第 16 章）旨在寻找在某些方面与现有解决方案相反的要素。这两种方法相辅相成，能帮助勘探家在一级方法 . 替代法的原则下尽可能全面地探索出潜在的解决方案空间。这两个二级方法各有优缺点。抽象法相对来说比较简单，有很大的概率能找到有价值的终点（即解决方案），但是创新是显而易见的。相比之下，逆向法的使用难度相对较大，找到高价值终点的概率相对较小，但是创新是不显而易见的。

和替代法相关的两个二级方法，即联想法和突变法，虽然在本书中没有进行深入探讨，但这两个方法都很有潜力和价值，因此我在这里对它们进行简单探讨，供有兴趣的读者参考。

联想法是指通过使用不同的关联规则找到一个新的要素，来替换现有方案中的要素，并确定它能否创造价值。我们知道，每个要素以某种方式与其他要素相关联；如图 14-2 所示，这些关系可以被看作一个网络。在这个关联网络中，我们可以找到能够替代现有要素并创造新价值的新要素，这一做法无法通过抽象法和

逆向法实现。联想法的搜索可以通过以下步骤完成：首先，围绕现有要素（起点）建立一个关联网络；然后，评估每个“节点”的价值，完成方案搜索。

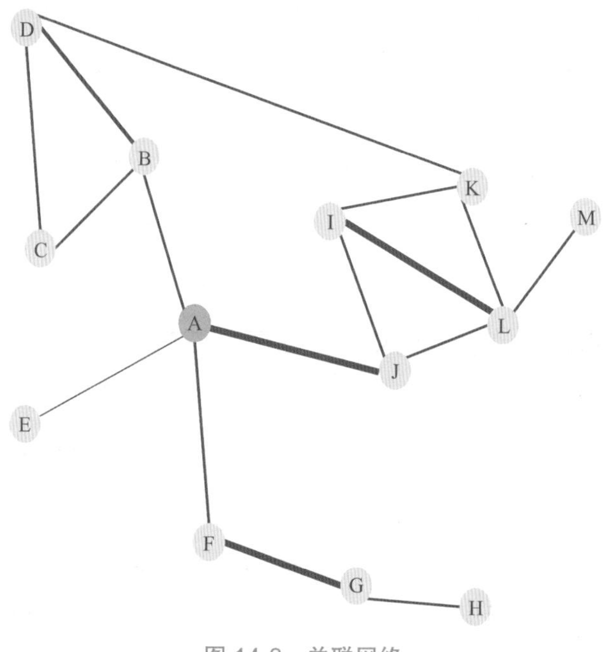

图 14-2 关联网络

图 14-2 展示了联想法的工作机制，其中线条的粗细代表关联的强度，方向代表不同要素之间关系的对称程度。从要素（A）开始，勘探家首先要在脑海中搜索可能与 A 相关联的要素（在本例中，以 B、E、F 和 J 为例）。然后，勘探家基于 B、E、F、J 逐一进行联想。通过进一步的联想可以搭建起一个以 A 为中心的复杂关联网络。勘探家可以通过自由联想建立关联网络，也可以借助搜索引擎。例如，在谷歌搜索中输入“ A 和”，就可以找到与 A

相关联的潜在要素，即与 A 一起出现的频率最高的要素。

显然，这样的关联网络很快就会变得庞大而难以管理。一种可能的解决办法是在搜索过程中仅关注价值较高的要素关联。例如，如果用 F 替换 A 并没有产生多少价值，但用 B 替换 A 却增加了价值，那么接下来的搜索就应该沿着 A-B 的路径进行，并探索 C 或 D 是否会进一步增加价值，以此类推，A-F 路径就应该被放弃。很多科学家在做课题研究时，都会有意无意地使用联想法。

联想法可以被认为是抽象法的延伸，其结构化程度较低，通用性较强，使用起来相对简单，但找到具有高价值解决方案的概率较低，不过找到的新方案很可能非常新颖，不显而易见。勘探家应该在尝试过抽象法和逆向法后再使用联想法，以找到被结构化程度较高的路径所遗漏的新思路。

相较于联想法，突变法的结构化程度更低，也更通用。事实上，尽管其背后的逻辑是合理的，但它不涉及任何结构化的搜索过程。勘探家可随机选定一个要素，并评估它是否有助于增加解决方案的价值。如果没有，则再继续进行随机替换。如果随机替换导致价值增加，那么勘探家通常会接着尝试采用一种或多种结构化程度较高的搜索算法，其中包括联想法。

第 15 章

二级方法 . 抽象法

二级方法 . 抽象法将现有方案中的某个要素替换成其他与之相类似的新要素，并观察是否会产生有价值的新方案。其逻辑是，勘探家可以使用相似但有些许不同的要素来进行替换，以找到解决方案，实现提升功效、增加提供者盈余、降低（不想要的）副作用的目的。通常情况下，使用这一方法搜索得到的最终解决方案，符合初始方案所能满足的消费者需求。

搜索算法包含三个步骤：找到省却要素，向后概括，向前选择。第一步是将起点解构为若干要素，填入隐含的要素，并用一句完整的话加以描述，如有需要，还可以使用数学符号来辅助表述。例如，有一种常见的促销策略叫作“买一送一”。但“买一送一”这种描述其实省却了一些关键要素。完整的策略应该是（你）购买一件后，（你）就可以免费再获得一件。这一步骤极其重要，因为那些被省却的要素，在应用二级方法.抽象法来找出非常规且有价值的解决方案（终点）时用处很大。第二步是向后概括。勘探家将一个要素向后抽象为一个更普遍的概念，而被替换要素只是其中的一个特例。最后，在第三个步骤“向前选择”中，勘探家从前一步骤抽象出来的概念里，选择另一个特例，用新的要素替代起点中的原要素，并评估由此创造出的新方案是否更有价值。这个搜索算法还可以分层进行，第二步中抽象出来的概念还可以进一步抽象，以便确定适合的替代要素。

为了帮助理解该二级方法的逻辑，以图 15-1 中的紫色正方形为例进行讲解。假设紫色正方形是起点中的要素。首先需要决定的是根据颜色（紫色）还是形状（正方形）进行抽象。假设勘探家决定沿着形状的方向进行抽象。按照抽象法的逻辑，勘探家意识到正方形是四边形的一个特例（向后概括），然后意识到四边形还有许多其他特例，例如菱形、平行四边形、矩形和梯形。因此，可以用其中任何一个特例（例如菱形）来取代正方形。这就是向前选择的步骤。但搜索过程还可以继续进行下去，因为四边形还能进一步抽象。四边形只是多边形的一个特例，而多边形除了四边

形外，还有其他特例，如五边形和六边形。对于每一种特例（如五边形），都有可能用一种特定的形式（例如，正五边形、等边五边形）来替代原来的要素（正方形）。从这个简单的例子中可以看出，即使只向上抽象一层，也能发现很多潜在的替代要素，而这一抽象过程可以进行多层。例如，多边形是封闭形状的一个特例，而封闭形状本身又是形状的一个特例。要素还可以通过不同的方向（特征）被抽象出来。一个人可以被抽象为物种的一个特例（智人），而该物种又是属的一个特例（人属），然后再通过科（人科）、目（灵长目）、纲（哺乳纲）、门（脊索动物门）和界（动物界）等层层递进抽象。一个人也可以被抽象为一个男人、一个人、一个有感觉的生命体、一个有机体。类似地，丰田凯美瑞可以被抽象为商务车，而商务车又可以被依次抽象为汽车、交通工具和工具。凯美瑞也可以从另一个角度进行抽象，它是一辆商务车、高价值的个人资产、个人资产以及物质存在。

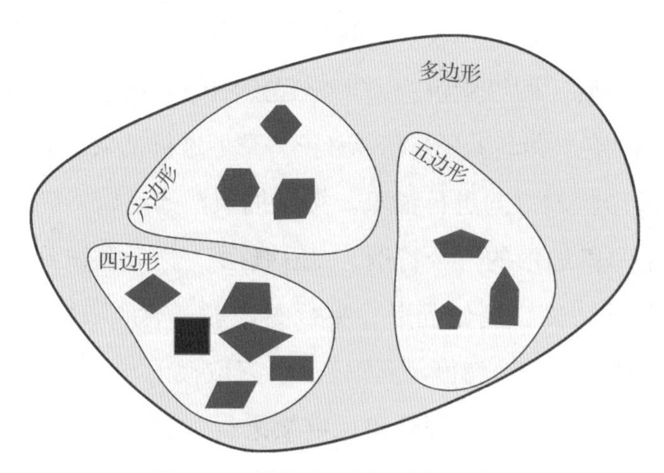

图 15-1 抽象法示例：紫色正方形

本章详细讨论了七个三级方法（见表 15-1），但要注意的是，这里并未囊括所有可能的三级方法，而且新的三级方法还在不断涌现。其中有三个方法旨在找到替代方案，两个方法旨在提升功效，一个方法旨在增加提供者盈余，还有一个方法旨在降低（不想要的）副作用。这些方法可以根据特定的搜索方向分为三类。第一类包含两个三级方法，专注于修改人员要素：**“虚拟人”**用非人员要素如虚拟组件或机器人来替代人员要素；**“换人”**即用其他人员替换特定人员。第二类包含三个三级方法，侧重于改变功能，与初始方案相比，替换要素后得到的新方案的功能会变得更强或更弱：**“垂直延伸”**侧重于通过替换要素实现产品线向上或向下延伸，或填补现有产品线的空白；**“更高功效”**通过替换要素来提升功效；**“去副作用”**指的是替换要素以消除副作用。第三类中的两个三级方法侧重于非功能的维度，也就是说替换后的解决方案在功能上与原始方案相同：**“平行延伸”**侧重于用基本相似的要素来进行替换；**“用别人的资源”**指的是用其他方案中的要素来替换初始方案中成本较高的要素。

表 15-1 二级方法 . 抽象法下属的七个三级方法

目标	特定的搜索方向		
	人员	功能	非功能
满足之前从未被满足的（使用者）需求			
找到替代方案	虚拟人	垂直延伸	平行延伸
提升功效	换人	更高功效	
增加提供者盈余			用别人的资源
减少使用者耗费			
降低（不想要的）副作用		去副作用	
降低易受损的（风险）			
减少局限			
满足不同需求（用户、场景）			

三级方法．虚拟人

该三级方法的逻辑是用虚拟组件或机器人替代人员要素。一般来说，用来替换的要素的某些方面与人员类似。该三级方法通过用非人员要素来替代初始方案中的人员要素来找到替代方案。它也有助于消除初始方案对特定人员的依赖，特定人员包括与供应商或其竞争对手有关联的人员等。它也可用于更好地服务特定的细分市场。其搜索算法包括仔细解构初始方案，并评估哪些人员要素可能被虚拟组件、机器人（具有实体形态的）或非人类的其他生物体所替代。

传播（商业）

该三级方法将会在传播领域得到广泛应用，特别是模特和代言人将会被计算机生成图像（Computer Generated Images，CGI）所取代。最著名的案例是世界上首位CGI超模舒杜·格拉姆（Shudu Gram）[1]，她是一位美丽的黑皮肤女性，由英国摄影师卡梅隆－詹姆斯·威尔逊（Cameron-James Wilson）于2017年创作。尽管人们都知道舒杜是CGI不是真人，但她在社交媒体上依然拥有大量粉丝，并为多个品牌代言，包括超级明星蕾哈娜（Rihanna）创立的彩妆品牌芬缇美妆（Fenty Beauty）。法国时装品牌巴尔曼（Balmain）在2018年秋季发布会中，用三位虚拟超模舒杜、玛格特（Margot）和芝（Zhi）代替了人类超模[2]。

随着各大时尚品牌开始采用虚拟模特，而且消费者普遍认可并接受这一趋势，虚拟模特将会重塑模特行业，并将深刻影响品牌与消费者运用虚拟视觉交流的方式。这一趋势将不可避免地给人类模特带来巨大的竞争压力。正如一位人类模特所说："模特太容易被替代了……太可怕了，我们不得不与虚拟的女孩竞争——你可以按照你的想法任意塑造虚拟模特，而且无须通过选拔的方式就能获得完美的模特形象[3]。"

表演者、演员、音乐家（艺术）

该三级方法也开始对娱乐业产生巨大影响。现在可以使用计算机合成的声音和图像创建一名虚拟歌手，就像真正的人类歌手一样，只要定位合适，就能吸引大量粉丝。"初音未来"是当下最著名的虚拟歌手之一，其声音是以日本配音演员藤田咲（Saki Fujita）的声音为蓝本，利用雅马哈技术合成的。这位歌手有着 16 岁女孩的外表，梳着绿色的辫子，就像一位真正的表演者一样，在台北、东京、洛杉矶、香港等城市的 3D 音乐会上进行表演，场场爆满[4]。

朋友和伙伴（生活）

在我们生活的许多方面，虚拟人取代人类只是时间问题，这一趋势将改变人类社会的基础。例如，"初音未来"深受粉丝喜爱，甚至有位粉丝想娶她（尽管只是虚拟结婚）。2018 年[5]，日本一位 35 岁的中学行政人员娶了"初音未来"，并花费 18 000 美元举办了

婚礼，还邀请了近40名宾客参加婚礼。他现在回家看到的是“初音未来”的全息投影。这个全息投影通过内置的基本的人工智能系统，可以识别他的脸和声音，并用简单的短语和歌曲来回应他。

展望未来，著名的未来学家雷·库兹韦尔（Ray Kurzweil）预测，到2030年[6]，人类将成为人机混合体，我们的思维将被非生物过程所增强。毫不夸张地预测，在未来拥有先进人工智能的机器人将会成为我们的同事、朋友，甚至是婚姻伴侣。

三级方法 . 换人

该三级方法的逻辑是用不同的人取代初始方案中的特定的人。尽管换人法也可用于其他目标，但它主要用于通过采用更有效和/或更容易控制的人员要素来进行替换，实现提升功效的目标，有时也用于增加提供者盈余。其搜索算法包括仔细解构起点，并从提供者的角度评估哪些人员要素可以被更有效的人员要素取代。

商业模式（商业）

众包（Crowdsourcing）是该三级方法应用于商业模式的一个例子。众包通常被定义为一家公司为了实现降低成本、获得新能力或增加规模等目的，从外部获取解决方案的模式。众包可以在个人层面和集体层面进行。个人层面指的是找到一个人来完成特定任务，而集体层面指的是找到一群人来集体创造一些东西。虽然众包策略在互联网上非常流行，但是这个概念其实已经存在很长时间了，其与外包相似，但没有结构化的形式。目前，众包已被应用到各种任务中，包括筹集资金、确定创新想法和解决某个特定问题。我在此简要介绍三个例子：创新中心、亚马逊众包平台和维基百科。

创新中心（Innocentive）[7] 最开始是由美国礼来制药公司（Eli Lilly and Company）推出的一个众包创新中心，以满足该公司需要外部专家解决技术问题的需求。今天，它已成为解决方案的寻求者与问题解决者沟通的平台。解决方案的寻求者发布问题，问题解决者则提供方案以换取报酬。因此，企业能够从自己的研发（R&D）团队之外的渠道获取解决方案，用外部专家来取代某些内部研发人员。这种模式使企业能够接触到更广泛的人才，而不需要像对一般雇员那样签署长期雇用合同。

亚马逊众包平台（Amazon Mechanical Turk，MTurk）是将重复、简单的微小任务分配给个人，并支付低报酬的众包平台。这种模式可以相当迅速地产生大量有价值的数据集。例如，一家公司希望开发一种用于图像分类的深度学习算法，这需要对海量数据进行标注，即分类标注图像。这家公司可以通过 MTurk，要求每个参与者对少量图像进行标注，并支付一定的费用，从而迅速积累大量分类标注的图像数据。这使该公司能够避免雇用人力来执行这项任务，因为如果以传统方式雇用人力，不仅难以实施，而且无法扩大规模，还会大大增加成本。

维基百科（Wikipedia）是另一个以知识整合为目的的众包平台。在过去，开发百科全书需要邀请特定领域的专家，然而维基

百科依靠志愿者为其网站上的词条贡献个人知识。无须正式聘请专家，通过志愿者的集体努力来修正、补充内容，维基百科中的信息无疑是比较完善的。

服务（商业）

该三级方法也可应用于服务业。英国广播公司最近报道，一家日本公司[8]提供演员服务，旗下员工可以扮作客户生活中的重要成员。该公司大约有 20 名员工和 1000 多名自由职业者。这家公司拥有不同性别、年龄和背景的演员，能为客户提供各种角色的扮演服务。老板本人曾扮演过男朋友、商人、假婚礼上的新郎，甚至是父亲等角色。

在另一个场景中，位于英国伦敦的人民超市（The People's Supermarket）将其会员变为“雇员”，要求所有会员每四周在店里工作四个小时。这种做法降低了运营成本，同时也有利于建立社区文化，增加了会员对该超市的归属感[9]。

个人决策（生活）

该三级方法也适用于人们在生活中所做的决策。每个人在生活中都要做各种各样的决策：有些决策大，有些决策小；一个人可能非常擅长做某类决策，但并不擅长做其他类型的决策。因此，人们有时会将重要问题的决策外包给具有特定专长的外部人士。例如，许多人聘请财务顾问来帮助他们做投资决策。该方法的适用范围无疑远远超出投资类的决策，因为人们做出次优决策的次数远多于最优决策，所以经常为过去所做的决策而后悔。这些决策可能相对简单，比如吃什么、穿什么、买什么、去哪里度假；也可能很复杂，例如是否与某个人交朋友，如何处理某个特定情况，甚至是否与某个人结婚。然而，几乎在所有情况下都可以找到真正擅长做这一特定决策的专家。因此，可以想象，勘探家可以建立一个平台，让寻求答案的人描述具体的问题（如有必要，可以私下进行），而专家们收取费用，来帮助其诊断问题，提供优化建议。这对双方来说是一个双赢的方案。

该三级方法还可应用于约会情景中。虽然约会和婚姻是两个人的事情，但有时候其他人也会参与到两人“约会”过程的最开始阶段。在许多文化中，父母甚至祖父母在正式将孩子介绍给对方及其父母之前，会先为他们的孩子做初步筛选。这种做法在印度仍然很流行。在中国，一些父母也为他们的孩子做初步的筛选和匹配，有时甚至聚集在公共场所进行。位于上海市中心的人民公园有著名的“相亲角”[10]。在人民公园里，父母张贴其子女的信息，四处走动与潜在匹配者的父母交谈。此外，在中国有一档名为《中国式相亲》的电视综艺节目，于 2016 年首播。节目中，父母和他们的成年子女共同决定子女应该和谁约会[11]。应用同样的逻辑，我们试想，勘探家也可以开发一个平台，让子女为他们的单身父母牵线。这种做法可能会提高最终的成功率，减少双方投入的成本和精力。

人力资源（商业）

招聘过程中的一大挑战是鉴别简历上的虚假信息。其难点在于，简历只能由申请人自己创建，因为只有申请人自己才清楚地知道过去有哪些经历；有些申请人在简历中伪造或夸大其经历，可是这些虚假信息很难辨别。基于该三级方法，在中欧国际工商学院我讲授的创新课程里，班上的高级管理人员工商管理硕士（Executive Master of Business Administration，EMBA）项目学生想出了一个聪明的解决方案。

他们将求职者抽象为清楚地知道个人生活经历的人的特例，然后寻找其他特例，即知道求职者过去做了什么的人。他们发现老师、雇主、同学、同事和教练等，都有可能对求职者的经历了解甚多。唯一的挑战是，这些人只知道求职者生活中的特定部分。尽管如此，从简历的角度来看，他们对求职者特定经历的了解是完整而准确的。

因此，这些学生设计了一个在线简历平台，每个人都有一个账户。对于在此平台上拥有账户的个人，当其一段经历结束时（例如，从大学毕业），一个具有公信力的第三方（例如，他的大学老师）会输入关于这个人的信息，这些信息在未来是任何人都无法更改的。任何考虑雇用这个人的公司都可以使用这个平台来验证他之前的教育和工作经历。

三级方法．垂直延伸

该三级方法的逻辑是用一个在相关维度上更好或更差的要素来

替换初始方案中的要素。这一方法可用于找到替代方案，使得终点（最终方案）服务于不同的目的。这一方法的目的是提出一项能够补充起点的解决方案，以满足用户的差异化需求。其搜索算法包括仔细解构起点，评估哪一要素可被类似的要素替代，新的要素在某些方面表现得更好或更差，从而为一些用户创造价值（包括减少成本）。

产品（商业）

该三级方法在许多行业中被广泛应用，包括企业市场和消费市场。企业可以采用以下三种方案：用质量（或另一重要方面）较好的要素取代原来的要素，并收取更高的价格；用质量（或另一重要方面）较差的要素取代原来的要素，并收取更低的价格；或用质量（或另一重要方面）介于现有高一级和低一级的中等水平的要素取代原来的要素，并收取介于现有高一级和低一级两个水平之间的产品的价格。例如，宝马公司（BMW）在 1999 年推出第一款 SUV-X5 系列。2003 年，该公司推出了另一款向下延伸的产品线，即 X3 系列。随后，又在 2018 年，宝马向上延伸产品线，正式发布了其旗舰产品，即 SUV-X7 系列。

美国希悦尔（Sealed Air）公司最初提供了八种不同强度的气泡膜，其功能和价格各不相同，从适用于保护轻型和廉价物品的最低强度产品，到适合保护重型和昂贵物品的高强度产品。然而，该公司很快就发现了更多机会——通过提供强度差异更细微的产品来纵向扩展产品线。这可以通过向上延伸产品线，开发出价格更高

的、性能更好的产品，或向下延伸产品线，开发出价格更低的产品来满足一些非常轻型的应用需求，抑或是通过开发介于两个现有产品的价格和性能水平之间的产品，来填补现有产品线中的空白。

三级方法．更高功效

该三级方法的逻辑是用一个要素取代初始方案中一般或理想的要素，使原来一般的要素变得更好，或使理想的要素更加理想。该三级方法主要以提升功效为目标，即在解决方案的一个重要维度上用更好、更理想的要素取代原来的要素，并通过建立新的知识产权或足够不同的解决方案来避免与竞争对手的现有解决方案（或专利）重复，从而使前者在市场上具有独一无二的价值。其搜索算法包括仔细解构起点，找出在某一维度上对某类用户群体来说，可以变得更理想的要素。这些维度可以包括产品耐久性、速度、效率、强度、可负担性 / 成本、可用性和可回收性。该三级方法可直接在解决方案层面上应用，而不需要将其拆解应用于要素层面。

产品（商业）

该三级方法经常被用于产品创新中，应用新的材料来获得更理想的功效。以眼镜为例。最开始，眼镜采用玻璃镜片。由于塑料更轻，多年来人们尝试用塑料取代玻璃，让眼镜佩戴起来更加舒适。再后来，人们采用聚碳酸酯材料来制作镜片。这是一种特殊类型的塑料，比普通塑料更轻薄，而且防刮、防碎。最近，市场上又推出高指数塑料镜片，它是目前可用于制作高度镜片的最轻薄的材料之一。

该三级方法也可以通过一项有趣的消费产品创新来说明。Scizza[12] 是一款比萨饼切割器，基于剪刀的设计，取代了传统的刀或比萨饼轮。这一产品已经被用于切割其他材料。Scizza 有一个铲子底座，可以在比萨饼下面滑动，防止刀片刮伤桌面，用户可以放心地在任何桌面上使用它而不会刮花桌面。该工具比传统的刀或比萨饼轮更易于控制，可以方便地切出均匀的比萨饼，也不会把比萨饼上的馅料弄得到处都是。

密码锁很常见，很久前就被发明出来了。其基本设计（起点）可以被分解为三个部分：一个锁（通常是一块 U 形金属），将东西锁住；一个扣锁机制，即只有当输入特定的密码，重新调整锁内的滚珠时，才能开锁；最后是外部的人机界面，人们可以在这里输入密码，调整滚珠的位置。纵观密码锁的历史，人机界面（锁盘）上使用的密码一直是数字。应用该三级方法，只需改变其中一个要素，即改变输入的密码形式，就能构思出一个新的密码锁。

美国苹果公司前应用软件副总裁托德·巴切（Todd Basche）在 2004 年应用该三级方法，用字母代替数字，创新地开发出了一款字母密码锁（Word Lock）。他还因此获得了一项算法专利，该算法通过从 26 个字母中选择出一些字母集放在锁盘上，最大限度地增加了四个和五个字母单词的潜在组合数量。这项应用更高功效这个三级方法的简单创新，让托德在 2004 年美国史泰博公司

（Staples Inc.）的发明探索奖评选中赢得了最高奖项。史泰博公司随后也决定生产和销售这款字母密码锁。

我在美国宾州州立大学讲授的新产品开发课上，要求工商管理硕士（Master of Business Administration，MBA）学生应用该三级方法找出密码锁的其他潜在解决方案。没过多久，学生们就意识到，数字和字母都是符号的特例。一旦他们清楚了这一点，下一步就是要求他们找出符号的其他特例，作为数字或字母的替代要素。

学生们想出的创新方法是图片锁，如图 15-2 所示，其设计方法是用一张人的图像来代替数字和字母。锁的密码是由人体的不同部位组成的。例如，密码的第一项是发型，其滚珠上包括不同的发型，第二项的滚珠上包括不同的衬衫和上衣，第三项的滚珠上包括不同的裤子和裙子款式，最后第四项的滚珠上包括不同类型的鞋子。图片锁的密码是一个人的整体装束，只有锁的主人知道。MBA 学生们选择这种替换方式的原因是，他们认为这种密码锁比较有趣，而且很容易记住，会吸引儿童用户。在课堂结束时，学生们就这项发明向美国专利及商标局申请了临时专利。

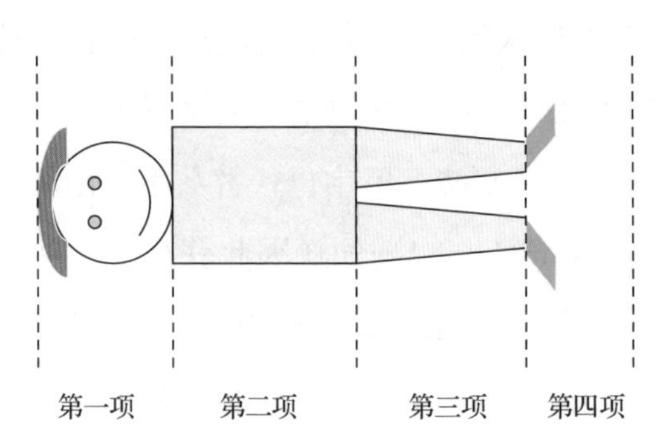

图 15-2 更高功效法示例：图片锁

该三级方法的应用不必局限于某种类型的图片。为了吸引体育迷，可以在密码锁上使用不同球队的标志，而对于美食爱好者，在密码锁上使用不同的食物可能是个好主意，例如晚餐组合。

环形闹钟是另一个基于该三级方法的好例子。典型的闹钟有两个核心要素：一个是记录时间，一个是唤醒人。唤醒人的标准方式是通过响亮的声音。然而，声音可以被抽象为一个更普遍的概念，即能唤醒人的刺激。能唤醒人的刺激还包括光、触觉、气味和运动方面的刺激。例如，环形闹钟用手指垫的触觉刺激代替了闹铃响声[13]。闹钟包含一个底座和两个环（伴侣双方一人一个），可以设定不同的唤醒时间。这种替代方案对于需要在不同时间起床的伴侣以及有听觉障碍的用户特别有用。

促销（商业）

该三级方法在改进促销策略方面有很大的潜力。通常的促销策略是给消费者提供实惠，而可以应用该三级方法设计出对消费者更具有吸引力的促销策略。

其中一个例子是许多公司已经使用了几十年的“买一送一”促销策略。在应用这一方法时，填入假定和省略的部分，可使促销策略变得明确，即（你）买一件东西，（你）会得到一件免费的东西。通过对第二个“你”抽象化，就有可能确定其他可以获得免费商品的人，包括家庭成员、朋友，甚至是随机选择的人。美国汤姆布鞋公司（TOMS）推出的“买一捐一”策略就是应用了这

一方法。它将第二个“你”替换为“需要但买不起鞋的人”[14]。后来，美国沃比·帕克公司（Warby Parker)，一家由沃顿商学院的四名MBA学生初创的公司，复制了此“买一捐一”策略并将其用于眼镜产品，立即成为媒体和消费者所青睐的公司[15]。

美国西南航空公司在20世纪70年代初开始运营，但很快就卷入了与老牌航空公司的价格战中。在一次价格战中，它的一个主要竞争对手把休斯敦到达拉斯的单程票价从26美元降到了13美元。然而，美国西南航空公司并没有配合降价，而是想出了一个绝妙的主意：保持26美元的票价，但为每位顾客免费提供一瓶威士忌。这被证明是一个非常成功的促销策略，美国西南航空公司在几个月之内就成为当时得克萨斯州最大的酒类分销商。用一瓶威士忌取代降价的想法就是该三级方法的直接应用。价格促销只是顾客喜欢的一个特例。顾客也喜欢其他东西，包括免费的威士忌，所以用威士忌取代降价是可行的(至少在20世纪70年代)。不打价格战，使美国西南航空公司避免进入不断降价及消费者预期价格降低的恶性循环中。这种促销策略为顾客创造了更高的价值感知，也为美国西南航空公司带来了更多利润，因为威士忌的批发价远低于零售价。在这种情况下，促销策略也可能为顾客创造更多的实际价值，因为有些顾客是商务出差，机票成本由他们的雇主承担，降低价格并不能为这部分顾客带来价值，但是免费的威士忌可以。

美国Solve Media公司的验证码输入（CAPTCHA TYPE-IN）广告[16]巧妙地修改了标准验证码的设计，也为本公司带来了可观的收入。验证码通常用于确定访问网站的用户是人还是机器人，其最常见的设计是使用无意义的斜体字母序列。CAPTCHA TYPE-IN 的创意在于用品牌相关的信息取代了无意义的字母序列。用户在输入验证码的过程中，必须很认真地阅读和键入品牌信息，这也是品牌经理们做梦都希望消费者做的。这项创新还使网站能够将一个无法创收的项目转化为可创收的项目。

风格（艺术）

一幅典型的画作是由艺术家用画笔在画布上涂抹创作而成的。一些艺术家创新地用他们的身体代替画布进行艺术创作，非常引人注目。韩国艺术家 Dain Yoon 刚开始时是在别人的身体上作画，后来将注意力转向自己，在自己身体的不同部位上画了很多只眼睛，因此而闻名[17]。美国艺术家艾里珊·米得（Alexa Meade）通过把人画成活的肖像而闻名：她在人的皮肤、头发和衣服上作画，创造出类似肖像画的艺术品，但这种艺术品是有生命的，会根据人的姿势和动作而变化[18]。更确切地说，她开创了一种新的艺术风格，即在三维物体（如人、汽车）而不是在二维画布上描绘现实生活中的物体。

三级方法 . 去副作用

该三级方法的逻辑是用相似的要素来替换初始方案（起点）中的要素，以降低甚至消除副作用，或是去除原有要素的约束限制。这一方法主要用于实现降低副作用或去除约束的目标。其搜索算

法首先要仔细解构起点，再评估哪个要素具有副作用或约束，并检查在具有副作用的维度上是否可以找到更理想的相似要素来替代。通常，替代要素涉及使用不同类型或数量的材料，包括去除或减少某些动物要素，减少体积或重量，减少对环境的影响，以及减少或去除某些人员要素。

产品（商业）

可持续创新本质上是该三级方法的一种体现。可持续创新由可持续发展准则驱动，目标是在有效利用资源、减少对环境的影响并提高人类和社会福祉的同时，保持和增加公司的长期利润。在某些情况下，可持续创新也被称为再创新。在各个行业中，许多公司审视它们目前的解决方案，并要求研发人员应用这一方法来创新，以去除或减少不良要素。以世界上最大的一家化妆品公司欧莱雅（L'Oréal）为例，它采取了一项战略，以树立一个更可持续的形象[19]。该公司的研发人员调整了生产流程，来减少产品合成步骤的数量、溶剂的使用量以及能源和水的消耗。他们努力尝试用植物原料取代合成化学品，开发出一条可生物降解、可再生和更可持续的产品线。

该三级方法也催生了许多初创企业，这些企业都只是运用替代要素来消除原有要素的副作用的。例如，位于荷兰阿姆斯特丹的天之水啤酒公司（Hemelswater）开发了一款名为 Code Blond 的新啤酒。Code Blond 是荷兰的天气预报代码，表示暴风雨、降雪和暴雨。该公司充分利用水资源，使用从城市屋顶收集的雨水代替普通自来水作为啤酒的原料[20]。

由于人们对环境和道德的关注，许多奢侈品牌已经开始用其他材料来替换产品中的动物皮毛成分。大多数豪华汽车品牌也开始使用仿造动物皮质和优点的合成材料。例如，雷克萨斯汽车公司（Lexus）目前使用的便是对生态友好的 NuLuxe 装饰材料。

另一大变化是在肉类消费领域。人们选择不吃肉的三个常见理由分别是健康、资源保护和道德。有专家认为，人类饮食习惯若能以植物为基础原料，地球就能够为全世界人口提供足够的营养。因此，这对很多公司来说是一个契机，可以通过以下三种方法减少我们饮食中的传统肉类的食用量，来挖掘商机。第一种方法是用昆虫替代猪肉和牛肉等肉类。在整个人类的进化过程中，昆虫一直是世界上许多地方的主要食物来源。一些初创公司试图抓住这一商机，开始大规模生产由昆虫制成的食品，并将其引入市场，带到普通消费者的餐桌上[21]。例如，一些公司正在大规模生产用磨碎的蟋蟀制成的面粉，这些蟋蟀面粉中富含蛋白质等营养成分。第二种方法是用植物成分来取代传统肉类，但保持肉类（如猪肉）的外观、味道和部分营养成分。别样肉客（Beyond Meat）[22]就是这样一家成功的创业公司。其产品目前在美国的 ShopRite、Giant 和 Kroger 等主要连锁零售店以及 TGI Fridays 等流行的连锁餐厅有售。该公司于 2019 年 5 月 1 日以每股 25 美元的价格上市，而且短短一个多月，其股价就上涨了约 550%，达到 138.65 美元[23]。这也说明了此类肉类替代产品的市场潜力，以及消费者已经做好准备接受这类产品了。第三种方法是用实验室培养的肉替代自然生长的动物

肉类，实验室培养的肉具有和动物肉类相同的特征（外观、味道和营养）。例如，以色列的细胞肉公司 Future Meat Technologies [24] 正在开发一种利用动物细胞在实验室中培育肉类的工艺。该工艺可以在不杀死动物的情况下生产出真正的肉，并有可能实现几乎无限量的肉食供应。虽然实验室培养的肉现在的成本仍然很高，但随着成本下降，其价格能与真正动物肉类的价格竞争只是时间问题。

三级方法.平行延伸

该三级方法的逻辑是用一个不同的但在特定维度上基本等同的要素来替换初始方案（起点）中的要素。该三级方法用于找到替代方案的目标，通过替换原始要素，创造出略有差异但功能基本相同的解决方案（终点）。其搜索算法包括仔细解构起点，并评估哪个要素有可能被一个具有类似功能但在某些非功能维度上不同的要素所替代。与三级方法.垂直延伸法不同的是，这里的终点通常在质量或价格上与起点没有区别。

产品（商业）

该三级方法经常被用于消费品行业，以创造出丰富的产品类别，帮助企业吸引不同的消费群体。例如，美国家乐氏公司（Kellogg's）提供 18 种不同口味的奶酪饼干（CheezIt），它们的区别仅仅在奶酪的种类上，从传统口味（例如原味切达奶酪、瑞士奶酪、普罗沃隆奶酪和科尔比奶酪）到不太传统的口味（例如辣奶酪味）。cheezit.com 网站还提供一个小工具，帮助消费者找到适用于不同场景的“完美的 CheezIt 小吃”。同样，美国玛氏公司（M&Ms）的传统糖果是在牛奶巧克力外包裹一层糖衣。美国玛氏公司（母公司品牌）通过其他材料的取代，进一步扩展了产品线。首先是有牛奶巧克力涂层的花生，再是其他深受欢迎的糖果馅料，如花生酱、杏仁、椒盐饼、黑巧克力和焦糖，以及其他限量版的馅料。美国销量最好的饼干奥利奥（OREO），本质上是由两块巧克力威化饼和一层奶油夹心组成的。1912 年推出的奥利奥是香草味奶油馅的。从那时起，纳贝斯克公司（Nabisco）（母品牌）通过更换奶油馅，创造出更多口味，包括常规口味和限量版的口味。在此过程中，该公司还开发出了一款与众不同的口味，即热辣肉桂味[25]。这些平行延伸的产品线使“老”产品焕发新生，让品牌能够适应不断变化的消费者偏好，并使消费者保持对产品的新奇感。

三级方法 . 用别人的资源

该三级方法的逻辑是用第三方拥有的要素替换初始方案（起点）中的要素。这一方法主要是通过降低采购成本，来增加提供者盈余。其搜索算法需要仔细解构起点，并评估哪个要素可以被第三方的要素所取代，替代要素通常具有与原始要素相同的功能，而且是第三方可以分担其中一部分成本的要素。使用这一方法的创新可能会产生平台型的解决方案。

商业模式（商业）

共享经济使许多消费者能够共享使用某些物件，而不必花钱购置。该三级方法体现了某些共享经济模式的特点，并有利于提出新的商业模式。以出租车模式为起点，美国的优步和来福车等共享出行服务提供商，用私人拥有的汽车取代了出租车公司拥有的汽车，并以非传统的雇佣形式，即以普通人取代出租车司机（雇员）。另外，理查德·巴德先生（Richard Bard）捐赠了我在美国宾州州立大学斯米尔商学院的讲席教授席位。他以典型的私人飞机服务为起点，用私人飞机取代航空公司拥有的飞机，创办了一家名为 Jet Edge 的私人飞机共享服务企业。他的企业维护并出租私人飞机，机主会获得相应的收入。因此，Jet Edge 的固定成本投资非常小。2008 年在美国创立的爱彼迎，用私人拥有的房屋取代了传统酒店（起点）。像共享汽车模式一样，该平台允许房主在不使用房屋时将其出租，它创造了一种固定成本投资极低的商业模式，因为爱彼迎不需要像酒店那样拥有或租赁固定资产、配备员工或维护任何实体物业。

开放式搜索算法：二级方法 . 抽象法

如图 15-3 所示，二级方法 . 抽象法的开放式搜索算法可以看作是一个反向的树形搜索，从树的一个节点（叶子）开始（即起点中的原始要素），通过审视分支和其他节点，向根部进行搜索。其目的是尝试用位置靠近起点节点（标记为 S，表示起点）的其他叶子（标记为 E，表示可选终点）来替换该节点。

总体来说，以下是应用二级方法 . 抽象法的一些建议：

- 在要素层面进行创新，但最好是针对关键要素进行创新。
- 在应用该二级方法时，首先要使用名词（或名词短语）仔细定义要素。这样做有两个目的：①如果定义中包含了该要素的重要维度，则将抽象的重点放在该要素的重要维度上；②可以更容易地找到一个更普遍的概念，而初始方案中的定义只是其中一个特例。

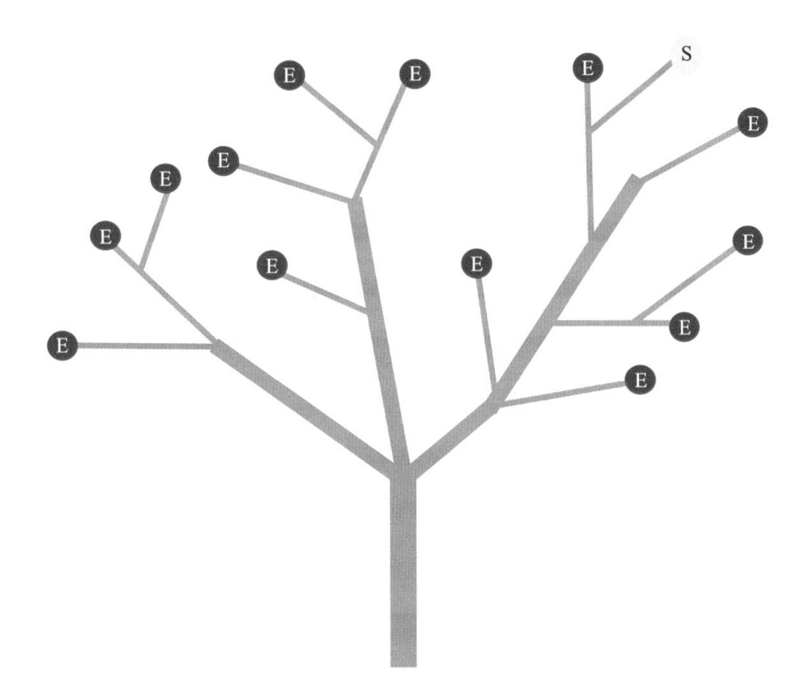

图 15-3　抽象法开放式搜索算法示意图

- 每个要素可以从几个不同的方向进行抽象，勘探家应该选择最有潜力的方向。在进一步向后概括抽象的过程中，可以重复上述过程。
- 这个过程是一个逐步向后搜索的过程，先给要素下定义，然后逐步抽象，找出该要素属于哪个更普遍或更抽象的集合。
- 在应用二级方法．抽象法进行创新时，通常只需进行一到两级的抽象过程就足够了。然而，在更高的抽象层次上进行创新，通常会产生出虽不显而易见但可能更有价值的解决方案。

注 释

1. http://www.bbc.com/capital/story/20180402-the-fascinating-world-of-instagram s-virtual-celebrities.

2. https://www.forbes.com/sites/declaneytan/2018/08/31/balmain-unveils-latest-campaign-starring-cast-of-digital-supermodels/#79f44cec72c7.

3. https://www.bbc.com/news/newsbeat-45474286.

4. https://ec.crypton.co.jp/pages/prod/vocaloid/cv01_us.

5. https://www.cnn.com/2018/12/28/health/rise-of-digisexuals-intl/index.html.

6. https://money.cnn.com/2015/06/03/technology/ray-kurzweil-predictions/index.html.

7. https://www.innocentive.com/.

8. https://www.bbc.com/news/stories-46261699.

9. https://en.wikipedia.org/wiki/The_People%27s_Supermarket#cite_

note-1.

10. Ding and Xu. (2014), The Chinese Way. Abingdon: Routledge.

11. https://en.wikipedia.org/wiki/Chinese_Dating_with_the_Parents.

12. https://dreamfarm.com/us/scizza/.

13. https://mmminimal.com/minimal-ring-alarm-clock-designed-for-couples/.

14. https://www.toms.com/.

15. https://www.warbyparker.com/.

16. https://www.solvemedia.com/publishers/captcha-type-in.

17. https://www.bbc.com/reel/playlist/artistic-self?vpid=p06l5qzy.

18. https://alexameade.com/.

19. https://www.loreal.com/sharing-beauty-with-all-innovating/reducing-the-environmental-footprint-of-our-formulas.

20. https://www.theguardian.com/sustainable-business/2016/jul/10/rainwater-beer-amster dam-hemelswater-rainfall-climate-change-de-prael-brewery.

21. https://www.usatoday.com/story/news/investigations/2018/12/21/2019-food-trendscricket-powder-edible-insects-enter-us-diet/2351371002/.

22. https://www.beyondmeat.com/.

23. https://markets.businessinsider.com/news/stocks/beyond-meat-stock-price-up-475since-pricing-ipo-2019-6-1028266607.

24. https://www.fastcompany.com/40565582/lab-grown-meat-is-getting-cheap-enoughfor-anyone-to-buy.

25. https://www.insider.com/different-oreo-flavors-2019-4#birthday-cake-oreo-was-launch ed-to-celebrate-the-cookies-100-year-anniversary-1.

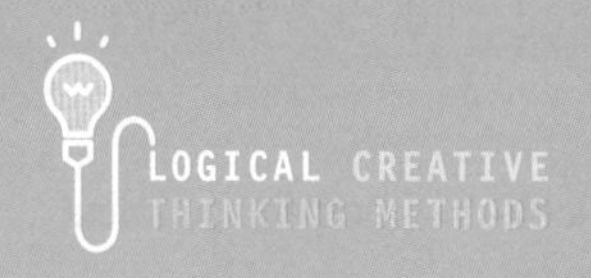

第 16 章

二级方法 . 逆向法

二级方法 . 逆向法通过用几乎相反的方式来实现起点，以观察是否会产生有价值的新方案。其逻辑是用非常不同的要素来替换，以找出能满足之前从未被满足的（使用者）的需求、提升功效、降低（不想要的）副作用或减少局限的解决方案。通常情况下，应用该二级方法得到的解决方案能满足与起点相同类型但并不一定完全相同的客户需求。

逆向法的灵感来自大受欢迎的电视情景喜剧《宋飞正传》（*Seinfeld*）[1] 中的一幕场景。在这个场景中，乔治·科斯坦扎（George Costanza）抱怨自己对生活非常失望，他做的决定都是错的。他的朋友杰里·宋飞（Jerry Seinfeld）随后观察到，在这种情况下乔治可以通过在未来做与他的直觉相反的事情来改善生活。即使目前的解决方案看起来运行良好，逆向法也可能会带来有价值的创新。因为害怕破坏目前的局面（即"没坏的东西不要去修它"），所以很多个人和公司通常不会考虑改进当前的解决方案，他们是厌恶风险的，或者只是满足于现状（惯性）。在其他场景下，这些个人和公司往往会"卡"在一个局部最优的状态中，即对当前（还算是成功的）解决方案仅进行细小的修改可能会导致更糟糕的结果。

搜索算法与所有科学家都会问的一个基本问题密切相关。最著名的科幻作家之一艾萨克·阿西莫夫（Isaac Asimov）在 1983 年夏天接受《布偶杂志》（*Muppet Magazine*）采访时，很好地阐述了这一问题："想要有所发现，就必须对宇宙为什么是现在这个样子充满好奇。"[2] 逆向法正是基于这一思路，围绕以下两个问题展开的。

问题 1：为什么 X 是现在这个样子？

问题 2：假如用 $\overline{X}$ 替代 X 会怎样？

在这里，X 是起点中一个被广泛接受且极少被质疑的要素，而 $\overline{X}$ 是和 X 相反或者是非常不同的要素。例如，关于家庭和孩子，人们可以问：为什么幸福的生活必须要有孩子？为什么一个人活

着就是为了孩子？又或者，为什么我的孩子一定要出人头地？

逆向法通过改变解决方案中的要素来实现创新，其方式与人们认为理所当然的信念或做事方式相悖，这会带来额外的价值，例如新的或更好的功能。具体来说，逆向法尝试改变起点中的必要条件、惯例或典型特征。

必要条件是指起点中的必要条件。例如，汽车必须由持有驾驶证的驾驶人驾驶，床必须（在水平方向上）是平的，自行车必须有两个轮子，咖啡杯必须有空间来容纳液体等。

惯例是指被大多数人认为是实现起点某些方面的最佳方式，但不是必需的。例如，床要稳，自行车应该有一个座位，人们应该一天吃三顿饭，咖啡杯应该有一个把手。

典型特征是起点的普遍特征，但没有强有力的理由说明为什么它们应该是这样的。例如，计算机往往是灰色或黑色的，咖啡杯大多是圆形的。

本章详细讨论了七个三级方法（见表 16-1），但要注意的是，这里并未囊括所有可能的三级方法，而且新的三级方法还在不断涌现中。其中有两个方法旨在满足之前从未被满足的（使用者）需求，两个方法旨在提升功效，一个方法旨在降低（不想要的）副作用，一个方法旨在减少使用者耗费，还有一个方法旨在减少局限。还可以根据特定的搜索方向将其划分为四类。第一类中的两个方法侧重于改变一项既定的规范，并从新建立的规范中获得价值：**“颠倒规范”**用一项新规范取代既定的规范（通常是一个必要条件或惯例），这样创新者（探险家）就成为新规范的所有者；**“去**

除规范”通过去除一项既定的规范，以减少使用者耗费。第二类中的两个方法着重于创造一个与起点相比更好的解决方案：**“更好优化”**找出一个比起点更好的解决方案；**“去除弱项”**消除起点中的副作用。第三类中的两个方法侧重于为现有顾客创造新的体验或为新使用者提供解决方案：**“非常规”**用于寻找可以满足之前从未被满足的使用者需求的解决方案，这些使用者的需求与主流市场的需求有很大不同；**“更丰富体验”**用于为现有使用者创造新的体验。第四类中仅有一个三级方法，即**“平衡”**，侧重于提供互补的解决方案，可与起点一起使用。

表 16-1 二级方法 . 逆向法下属的七个三级方法

目标	特定的搜索方向			
	规范	功能	新的体验	补充
满足之前从未被满足的（使用者）需求	颠倒规范		非常规	
找到替代方案				
提升功效		更好优化	更丰富体验	
增加提供者盈余				
减少使用者耗费	去除规范			
降低（不想要的）副作用		去除弱项		
降低易受损的（风险）				
减少局限				平衡
满足不同需求（用户、场景）				

三级方法 . 颠倒规范

该三级方法的逻辑是用相反的、截然不同的要素来取代起点中的要素。这一方法主要用于建立一项新的规范，即有意引入一种与人们行事风格截然不同的方式。其搜索算法包括仔细解构起

点，评估哪些要素有可能被具有相反特征的新要素所取代。通常从必要条件和惯例的维度，检查能否建立起一项有潜在价值的新规范。通常情况下，这种方法用于改变人们原有的做事方式，从而打破规范，但不一定会取代原来的解决方案。

品牌建设（商业）

该三级方法被应用于品牌建设。几乎所有的品牌都会在其产品上标注商标（Logo），认为商标有助于消费者在使用产品时推广品牌，而且露出的商标可以为消费者创造更多价值。日本无印良品公司（MUJI）的做法正好相反。它没有商标，品牌名称无印良品（MUJI 取自 Mujirushi Ryo-hin）的字面意思就是没有品牌的优质商品[3]。有些消费者不喜欢使用带有商标的产品，认为使用带有商标的产品是在为品牌免费打广告。因此，无印良品吸引了这部分不愿意为品牌免费打广告的消费者的关注，并在许多国家打开了市场。同时，这一做法还吸引了那些想保持低调的消费者。

社交与各个生命阶段的活动（生活）

全世界各地都有庆祝生日的活动，而且形式各异。生日派对通常包括吃蛋糕、吹蜡烛、唱歌、许生日愿望，而在一些亚洲文化中，生日派对通常包括吃面条。一般情况下，生日庆祝的重点是一个人所经历的岁月；然而，我们也可以做相反的事情，即庆祝一个人（预计）还能活多少年。这样庆祝生日可以引发更深层次的思考。图 16-1 展示的就是这样一个生日庆祝活动的照片：在第一张照片中，每个人都拿着一碗面条，面条的数量代表“寿星”认为自己还能活多少年；在第二张照片中展示了一份切开的蛋糕，体现了“寿星”认为自己所经历的时间和还能活的时间的比例。

图 16-1　应用颠倒规范方法的生日庆祝活动

时尚和现代艺术（艺术）

美国著名歌星迈克尔·杰克逊（Michael Jackson）在他的自传《月球漫步》(*Moonwalk*) 中说道：“我的态度是，如果时尚（标准）说这是绝对不能做的，我就会去做。”他的确这样做了，并成为一代偶像，自成一派。同样，希腊设计师卡特琳娜·坎帕拉尼（Katerina Kamprani）创造了一个名为“不舒服”的品牌。她说：

"传统的产品用户体验设计，目标是使让人更便利、愉悦地使用产品。这启发我做完全相反的事情。我只是觉得以非传统的方式思考产品很有趣，而且惊讶地发现，原来重新解构这些日常用品是如此之难。"[4]她创造出了许多产品，如雨靴、酒杯和勺子，这些产品非常难以使用。然而，这些产品现在已经得到了全世界的认可。

三级方法 . 去除规范

该三级方法的逻辑是将一个要素，通常是一个必要条件或惯例，从起点中去除。这一方法主要用于去除现有规范，从而减少用户的遵守成本。其搜索算法包括仔细解构起点，并评估可以去除哪个要素来降低用户的成本。

规范（商业）

在现实世界中，维持社会秩序是需要成本的，而且成本很高。因此，允许解决方案以无序甚至混乱的状态存在，可以减少维持秩序（规范）所需的成本。例如，袜子应该配对来穿，换句话说，两只袜子应该是成对的。然而，最近流行穿不配对的袜子，以避免在一只袜子丢失或有破洞时，不得不扔掉另一只无法配对的袜子。注意到这一趋势后，一些公司已经开始销售不配对的袜子。位于哥本哈根的丹麦乌鲁设计公司（Uru Design）出售单只袜子

（Solo Socks），一包中有七只各不相同的袜子，每只袜子都被设计成可以与其余六只袜子中的任何一只搭配着穿的样子[5]。

三级方法．更好优化

该三级方法的逻辑是用一个从未考虑过且截然不同的要素，来替代原来解决方案（起点）中的要素。这一方法主要用于解决与原方案相同的需求，但能提供比原方案（起点）更好的效果。其搜索算法包括仔细解构起点，并评估哪个要素有可能被取代，从而以一种本质上不同的方式满足相同的需求，再检查新的要素能否产生更好的结果。这类似于找出不同的局部最优，并检查哪个优化可能导致更好的结果。考虑替换的要素可以是一项惯例，也可以是一个必要条件。

城市环卫（公共部门）

该三级方法已被应用于公共部门，以应对城市管理的挑战。其中一个最著名的例子是日本城市如何保持街道的干净整洁。在世界各地，为了保持城市的干净卫生，惯例的做法是提供足够数量且容易找到的垃圾桶。如果一个城市沿街放置足够的垃圾桶，人们就会使用它们，而不是把垃圾扔在地上。然而，1995 年日本在发生沙林毒气事件后，人们意外地发现了一项同样有效的解决方案。政府决定从公共场所，特别是火车站移走垃圾桶，结果发

现街道仍可保持同样干净，甚至从某种意义上来说，更为干净，因为连垃圾桶都没有了[6]。

教育（公共领域）

高等教育机构也采用了这一方法，为学生提供了更好的教育。例如，美国第三古老的学院——圣约翰学院（St. John's College）[7]，其本科生的课程安排与众不同。在本科前两年，学生不选专业；他们会学习来自西方文明不同学科的基础知识和经典图书，包括哲学、文学、音乐、政治、历史、宗教、经济学、数学、化学、物理学、生物学、天文学等。圣约翰学院的教育理念是培养学生在生活的各个方面都能成为更好的人，这与以职业培训为目标的大学理念形成鲜明对比。

服务（商业）

在中国有一家名为“太二酸菜鱼”的品牌连锁餐厅应用了该三级方法，大获成功，目前其已将餐厅拓展到加拿大市场。餐厅往往希望顾客越多越好，但这家餐厅不接受任何超过四人的聚餐[8]。根据公司管理层的说法，限制用餐人数的做法可以大大增加在特定用餐时间内可服务的平均顾客数量，并大大提高了菜单设计、原料采购、烹饪和服务的效率，利润也随之大幅增加[9]。

产品（商业）

2018 年，美国 RockingBed 公司在拉斯维加斯的消费电子展（the Consumer Electronics Show，CES）上展示了一款专为成年人设计的摇床。在大多数文明和历史时期中，床一般是稳稳当当、不摇晃的。这是主流观念中“一张好床”必须具有的核心特征。RockingBed 公司设计生产的这款床能轻柔摇摆，打破了这一惯例。这项逆向创新针对普通成年人市场，引起了媒体的极大关注，《时代》《洛杉矶时报》和美国全国广播公司（NBC）等主要媒体都对其进行了报道。这一创新也得到了学术界的支持：瑞士日内瓦大学（University of Geneva）的研究人员在实验室里搭建了一张摇床，研究发现参与者确实醒得少，睡得更沉[10]。

促销（商业）

通常，视频广告由创意导演、制片人和演员等组成的团队共同制作完成。然而，由于现在的观众更看重真实性，并且常常对广告中的表演内容感到厌烦，一些创意团队开始采用素人代替演员来拍摄广告。

在 2012 年美国特纳电视台（Turner Network Television，简称 TNT）的创意广告“戏剧性的惊喜”（Dramatic Surprise）中，比利时纪尧姆 · 杜瓦尔现代广告公司（Duval Guillaume Modem）使用了真实的毫无戒心的素人，并在广告中展现其真实反应。创意团

队聘请了一支荷兰特技团队，并在比利时一个安静的城市广场中央放置了一个红色而神秘的巨大按钮，上面写着“按下按钮，就能增加戏剧性”（Push to Add Drama）。当一位好奇的路人按下这个按钮时，特技团队就开始了一系列的表演，包括枪击、拳脚相加的斗殴、汽车和自行车追逐飞驰，以及表现足球运动员、警察、强盗、罪犯和救护人员的场景。这些场景正是在 TNT 戏剧性节目上展示的场景。虽然特技团队按照剧本表演，但路人完全没有意识到这一点，他们的反应是真实的。这种来自素人的真实反应，让广告开始病毒式地传播，在最初的 24 小时内获得 450 万次浏览，并在第一周获得 2300 万次浏览量[11]。

同样，韩国 LG 集团智利分公司的一个广告中，也应用了这一方法，主题为“超现实主义：在这种情况下，你会怎么做？”。[12] Grupo Link 公司在广告中使用素人，并在广告中演示 LG 电视屏幕如何再现与现实生活无异的视觉效果。他们在一间求职者的面试房间里安装了一块 84 英寸的高清电视屏幕，放映的画面让屏幕看起来像一个窗户，面试房间中同时配备了隐藏的摄像机。当每个求职者（对房间布置一无所知的真实求职者）接受经理（演员）的面试时，LG 电视屏幕会显示一颗流星摧毁城市的场景，而隐藏的摄像机则会捕捉求职者感到震惊的反应。到 2020 年年初，这段视频在 YouTube 平台上的浏览量超过 2600 万次。

三级方法．去除弱项

该三级方法的逻辑是用一个本质上不同的要素取代初始方案（起点）的要素，以便在保证原有功效的同时，去除不好的部分。其搜索算法包括仔细解构起点，并评估哪些要素可以被新的本质上不同的要素所取代，再检查新要素能否在去除弱项后，实现与起点一样的功效。这个要素可能以惯例或必要条件的形式出现。

定价（商业）

该三级方法在定价情境中的应用至少包括如下两种方式：将强制支付变为自愿捐赠，将货币支付变为以物易物的支付方式。在交易中，卖家提供产品或服务，而买家则为其支付金钱。虽然向卖家支付金钱是交易的必要条件，然而它却给无力预付现金的买家带来非常大的压力。

在该三级方法的指导下，卖家可在提供产品或服务之前、期间或之后要求买家根据自己的意愿付款。例如，不少网站向用户提出捐款的请求，如果用户喜欢它们的产品和服务，则可以按照自己的意愿捐款。一些博主也采用了这种定价策略，而像维基百科这样的大网站则完全依赖这一策略来获取资金。这种定价策略也被应用于教育领域。通常情况下，学生必须在上大学之前支付学费。2018 年，美国纽约大学（New York University）医学院宣

布，为每个学生免去学费[13]。学生的学费由受托人和校友捐赠的基金（约4.5亿美元）来支付（无限期提供免学费的措施共需6亿美元）。由于学生毕业成为医生后会有可观的收入，而且他们会非常感激母校大大减少了他们在医学院学习期间的经济压力，因此可以预见的是，该基金未来将很容易得到校友们的捐款支持。

另外，卖家可以要求买家以物易物，换取他们希望获得的产品或服务。在高等教育领域，欧扎克学院（College of the Ozarks）不收学费，而所有学生需要每周工作15个小时来作为回报[14]。以物易物本是在货币产生之前的一种交易方式，非常不方便。但人类学家已经发现，虽然人们习惯使用货币，但在货币变得稀缺的时候，会选择以物易物的支付方式[15]。现在，信息很容易获取和核实，以物易物将成为一种常见的支付方式，因为它消除了在特定时间点手头必须有现金的限制。

产品（商业）

该三级方法已被广泛应用于产品创新，通过去除会带来副作用的要素，来提出更好的解决方案。厨房锅具一般都带有盖，这样设计是为了方便烹饪，达到理想的烹饪效果。然而，在烹饪过程中，必须不时地取下盖子，检查菜品的烧制情况，或添加调味料及其他食材。人们通常把盖子放在灶台旁，这样做可以方便他们双手一起操作，但这并不是一个完美的解决方案。如果将盖子朝下放置，盖子的边缘会接触到台面，而台面并不是无菌的。如果将盖子朝上放置则会很奇怪，因为手柄通常在上面，摆放后盖子非常不稳定。图 16-2 显示的是一个能够侧立的盖子，它不仅解决了如何摆放的难题，而且其占用的台面空间更小。

图 16-2　去除弱项法示例

还有一项创新改变了烤面包机的典型特征，从而解决了厨房里的难题。烤面包机通常是由金属制成的，因此很难看到里面的情况。虽然这种设计长期以来一直运行良好，但当设置不准确，或者要烤的是以前没烤过的食物时，用户希望能随时监测烘烤过程，以确保食物不会被过度烘烤。因此，透明的烤面包机被发明出来了，其中部分外壳被替换成了玻璃。

C-Pump[16] 是一款全新设计的皂液器。一般在使用家用皂液器时，人们将一只手放置于泵下方，用另一只手按压泵的顶部，这样皂液就会流向掌心。整个操作流程需要两只手协同完成。但如果按压泵顶部的手不干净，比如接触过生肉，就有可能带来污染。

然而，在 C-Pump 皂液器的设计中，泵位于皂液器开口的下方，人们能够用手背推动“C”的底部，从而让肥皂液从“C”的顶部流至手掌上。

另一项基于该三级方法的聪明的创新是由英国工程师吉南·卡兹姆（Jenan Kazim）发明的倒置（反向）伞。这种倒置的雨伞在 2014 年开始投入商业化生产，它看起来就像一把普通的雨伞，用途也一样。唯一不同之处在于这把雨伞可以反向打开和关闭，收伞后干燥的一面在外面。这解决了雨伞使用后的许多不理想之处，例如拿进汽车后会水滴满地，以及在强风中不易控制。卡兹姆对其创新的介绍，恰恰反映了三级方法.去除弱项法的理念：

“伞已经有三千多年的历史了，有些人说我试图重新发明，但实际上我所做的只是改进了设计。原先的设计很好，只不过有些缺陷……（它）有和普通伞一样的标志性外观，但它解决了上千年来我们使用雨伞时遇到的一些问题”。[17]

2009 年，英国工程师詹姆斯·戴森（James Dyson）发明了一项无叶片的空气倍增器技术，这一做法挑战了风扇工作的必要条件。风扇通过一组旋转的叶片来循环空气，并将空气吹向用户。但在这款空气倍增器风扇中，我们看不到传统风扇里快速旋转的叶片；相反，一组叶片隐藏在底座内，利用空气动力学原理快速倍增气流，这类似于飞机的工作原理[18]。这款空气倍增器风扇不仅能产生更好的气流，而且更重要的是，更安全、更安静且容易清洁。

美国 LandRollers 公司设计了一款带角度的轮滑鞋[19]，这是应用该三级方法进行创新的另一个例子。虽然大多数轮滑鞋被设计成纵向的，但这种新设计使轮滑能够向内倾斜，从而提高稳定性，使其能够在粗糙的表面上滑动。

商业模式（商业）

在 2018 年的电子消费展（CES）上，日本丰田汽车公司（Toyota）公布了一款 e-Palette 未来概念车。从本质上讲，它是一辆可以根据用户需求进行配置的自动驾驶电动汽车。这辆车从根本上改变了提供产品和服务的关键惯例：e-Palette 可以被配置成一家“移动商店”，消费者将不需要前往商店购物[20]。

三级方法．非常规

该三级方法的逻辑是用本质上不同的要素取代起点中的要素，来满足一个之前未被满足的需求，也可以是满足不同细分市场顾客的需求。其搜索算法包括仔细解构起点，评估哪个要素可以被替换，从而产生一个本质上不同的结果，并检查用来替换的新要素能否让解决方案实现过去不能实现的目的。这个要素可能是一个惯例，也可能是一个必要条件。这一方法可以用于挖掘被忽视的主要机会，或者小众（利基市场）机会。

产品（商业）

自电梯被发明以来的约150年里，人类已经习惯了这种设计。然而，德国的蒂森克虏伯公司（Thyssenkrupp）[21]基于该三级方法，利用直线电机工程技术，设计可在井道中垂直和水平移动的多个轿厢，建造了世界上第一部可水平移动的无绳电梯MULTI。这种设计有可能彻底改变高层建筑的设计和建造方式。

在许多消费场景中，企业推出的产品通常会为男性和女性分别设计不同的版本，或者某些产品专为男性设计，而一些产品则专为女性设计。这种情况正在发生改变。无性别服装，特别是在工作场所，已经变得越来越流行。设计师莱德·侯拉尼（Rad Hourani）设计了男女都可以穿着的中性服装。他认为，人们正在摆脱用服装来识别性别、宗教等身份的做法。这也抓住了最新的服装流行趋势，即办公服装和健身服装之间的界限正在变得模糊，而健身服装在性别上的区分较少[22]。同样，企业已经开始意识到，化妆只适用于女性的传统限制毫无必要，事实上，男性的化妆市场相当大，而且很有前景，韩国处于该市场领先地位[23]。香奈儿在2018年推出了第一条男性彩妆产品线，包括四款隔离霜、一款润唇膏和四款不同颜色的眉笔[24]。

服务（商业）

在各地文化中，信件作为一种通信机制已经使用了几千年。

其必要条件是将信件送达目的地，而其惯例是信件要尽快到达。然而，信件邮递时间上的这一惯例可被新方式取代，例如通过设置电子邮件或使用蜗牛邮件服务，向遥远的未来传达信息。位于北京的熊猫慢递公司是一家提供定期邮件投递服务的公司，投递日期由发件人选择，可设置在遥远的未来。它看起来像一个普通的邮局，有邮箱和熊猫邮戳。该项服务最初在 2009 年推出时，其中最近的未来邮件投递日期被设置在 2069 年[25]。美国邮政服务网站上一个名为“值得探索的想法”的栏目也介绍了这种“寄往未来”的概念。还有一些网站（如 Futureme.com)，承诺在发件人指定的日期向某人发送电子邮件。

另一个有趣的应用领域是餐饮业。典型的餐馆旨在提供高品质的食物、周到的服务和宜人的环境。尽管一家餐馆可能在其中一个或多个方面表现出色，但在所有这些方面都必须保持在一定的水准之上。然而，有些餐馆却一反惯例，并成功地开拓了新业务。迪克之家（Dick’s Last Resort）[26] 是美国的一家全国性连锁餐饮店，提供各种各样的美式食品。与其他餐馆不同的是，截至 2020 年年初，拥有 13 家分店的迪克之家餐馆要求其服务员表现得令人生厌，让食客感到不舒服，甚至羞辱或侮辱客人。例如，有时候会要求食客戴上帽子供大家取笑，有时候让孩子们与陌生人而不是其父母同桌。有趣的是，这家餐馆最开始的定位是一家高级餐馆，但差点就破产了。餐馆负责人决定采取与传统服务方式相反的做法，结果一举成功。在一些地方甚至有以厕所为主题的餐厅，并正在向美国和加拿大地区扩张[27]。位于美国拉斯维加斯的心脏病餐厅

（heartattackgrill.com）是一家医院主题的餐厅，它提供的却是与健康食品背道而驰的食品，例如高热量和高脂肪的食品。此外，体重超过 160 千克的顾客可以免单。通过推广与社会认可的健康习惯相反的饮食习惯，该餐厅吸引了媒体对其争相报道，并取得了商业上的成功。值得注意的是，这些应用三级方法 . 非常规运作的餐馆没有一家有望成为主流；然而，它们通过满足在某些细分市场上未被满足的需求而获得了成功。

三级方法 . 更丰富体验

该三级方法的逻辑是用一个完全不同的、出乎意料的要素来替换起点中的要素，以制造出相反的用户体验，令人震撼且觉得有趣。其搜索算法包括仔细解构起点，然后评估可以通过替换哪个要素来产生出乎意料的结果，并检查这样的要素能否使终点变得有趣和有价值。通常情况下，这种改变涉及解决方案中的感官或情感要素。被替换的要素可能是惯例或典型特征，也可能是必要条件。

情节（艺术）

2008 年上映的《本杰明 · 巴顿奇事》（*The Curious Case of Benjamin Button*）是一部获奖的美国电影。电影情节应用了该三级方法：男主角随着时间流逝，变得越来越年轻（这与自然规律相反），而女主角却在逐渐衰老。电影在这个非比寻常的设定中捕捉到了两人之间随着时间推移而产生的爱情。

促销（商业）

米思米集团（MISUMI）是一家在日本成立的跨国制造和分销公司，在许多国家设有分公司。2018 年，在上海举行的第二十届中国国际工业博览会期间，米思米集团中国分公司提出了一项创新的促销活动，获得了巨大的成功，引起媒体的关注。在展览会上，展位的设置通常是严肃的商务风格，而米思米公司却将其展位布置成一个时尚 T 台，聘请了几位专业模特，展示用该公司的材料制作而成的衣服（见图 16-3）。这为参加展会的用户创造出一种完全不同的体验，并为公司的展位和产品吸引了比过去更多的流量。

图 16-3　三级方法 . 更丰富体验应用于促销的示例

来源：Spicy Ni

产品（商业）

该三级方法也可应用于产品创新，甚至是只基于典型特征的创新。一个有趣的例子是“甜芝麻馒头”（见图 16-4），这是我在中国台湾地区的一家酒店里看到的。在中餐中，馒头是白色的（面粉的原始颜色），而且几乎在所有情况下都是圆形的。然而，酒店的厨师改变了这些典型特征，把馒头做成蘑菇的形态，得到了酒店客人的喜欢。

图 16-4 三级方法 . 更丰富体验应用于食物的示例

三级方法 . 平衡

该三级方法的逻辑是用相反的要素来替代起点中的要素，以满足不同的需求，这样终点（解决方案）就能与起点互补，来提供一个更好的综合解决方案。其搜索算法包括仔细解构起点，并评估哪个要素有可能被替换成相反的要素，以生成一个与起点互补的解决方案。这个要素可能是惯例，也可能是必要条件。

服务（商业）

约会类网站及其应用程序通常先要求用户回答一大堆关于他们人口统计特征、个性和偏好等的问题。然后应用算法，根据人们的喜好来进行匹配。一家初创公司挑战了这一常规做法，开发了一款名为厌恶（Hater）的应用程序，要求用户描述他们讨厌的东西——相信讨厌同样东西的人更有可能相互投缘，然后根据他们是否讨厌同样的东西来进行匹配。其创始人在美国广播公司的《创智赢家》（*Shark Tank*）节目中介绍了这款应用，并于 2017 年获得了马克·库班（Mark Cuban）提供的 20 万美元投资[28]。虽然厌恶约会软件是一款独立的应用，但毫无疑问，其他约会网站最终会将这种创新理念纳入自己的推荐算法中，即兼顾人们的喜好和厌恶，来提供更好的匹配服务。

推荐（商业）

一般的推荐算法逻辑主要是基于用户过去的行为，推荐其喜欢的东西。新闻方面的网站及应用程序通常会推荐与用户过去所阅读的新闻相似的内容。像亚马逊这样的电商网站可能会推荐一些与用户已经购买的商品互补的东西。电影、图书和音乐网站推荐的内容与用户过去访问过并喜欢的内容相似。虽然这在逻辑上是合理的，但这类推荐很容易让用户的视野越来越局限和狭窄，而将用户引向一个越来越狭窄的圈子的产品和服务，是无法提供

差异化的、具有潜在价值的选择的。在这种推荐系统中，美国的民主党人可能永远不会接触到共和党人接触到的信息，反之亦然，这将使得他们很难在重要问题上获得全局性信息。因此，开发一种有时会推荐与用户典型偏好选择大相径庭的内容的算法，会非常有价值。消费者在最初可能会抵制，但最终会受益匪浅。

定价（商业）

该三级法也可以应用于定价模式。我们知道划分细分市场，以不同价格为不同细分市场客户提供差异化的解决方案是商业的核心模式。酒店的独特之处在于其产品和服务（解决方案）是易逝的，也就是说，如果一间房间在某一天没有人入住，那么它在那一天的价值就永远消失了，因此每天卖出尽可能多的房间是至关重要的。然而，通过简单的降价促销来提高入住率将会损失利润，因为有些客人无论价格如何都会入住酒店，哪怕是支付原价。为了应对这一挑战，美国在线旅游服务商（Priceline.com）提出了一种反向拍卖的形式。一个人可以到网站上，指定他想去旅游城市的大致区域和酒店的豪华程度（例如五星级住宿标准），然后提交竞标价格。Priceline.com 搜索并核实数据库中不同酒店提供的房间，如果它能找到一家符合客人指定条件的酒店，而且这家酒店也愿意接受客人竞标的价格，系统将立即向客人收费，完成这笔订单。这种以客人为主导的定价模式很好地补充了以酒店为主导的标准定价模式的不足。最重要的是，这一机制有助于避免那些愿意支付原价入住酒店的客人转向 Priceline.com 预订房间。

开放式搜索算法：二级方法 . 逆向法

二级方法 . 逆向法的开放式搜索算法与本章开头提出的两个问题密切相关，其中 *X* 可以是任何与给定解决方案相关的必要条件（N）、惯例（C）或典型特征（T）（见图 16-5）。对于每个 *X*（即 N、C 或 T），勘探家可以确定该要素的反面，并判断是否可以替换。在每次替换之后，需要对终点的价值进行评估。

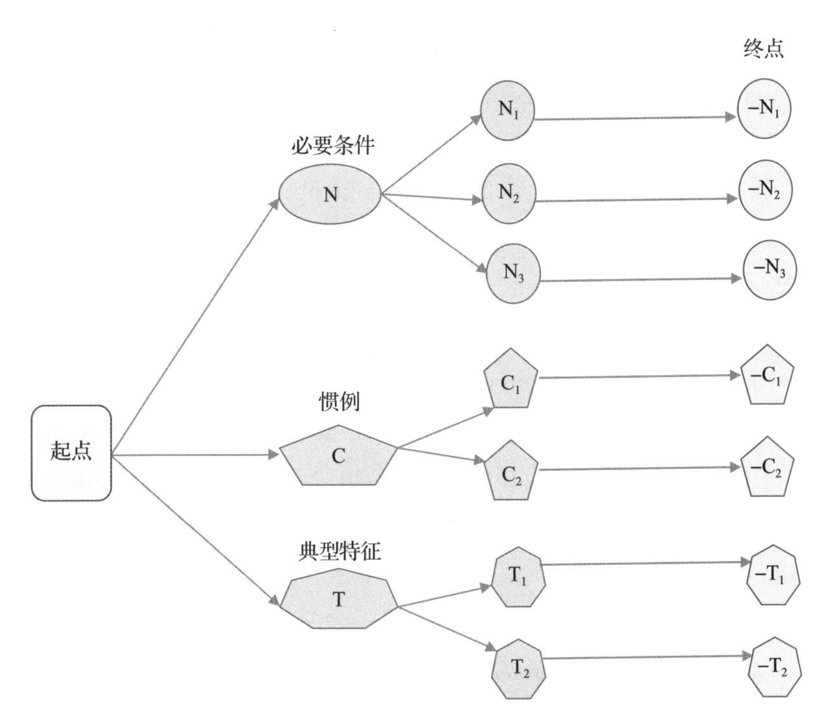

图 16-5　逆向法开放式搜索算法示意图

注 释

1. Cowan, A. (Writer), David, L. (Writer), Seinfeld, J. (Writer), and Cherones, T. (Director) (May 19 1994). The Opposite (Season 5, Episode 21) [TV series episode]. In David, L., Shapiro, G. and H. West (Executive Producers), Seinfeld. Shapiro/West Productions; Castle Rock Entertainment.

2. https://www.brainpickings.org/2013/04/04/isaac-asimov-muppets-magazine-1983/.

3. https://www.muji.com/.

4. http://www.bbc.com/future/gallery/20171207-the-objects-designed-to-be-as-uncomfortable-as-possible.

5. https://www.fastcompany.com/3065119/these-unmatched-socks-are-designed-to-stopsock-waste.

6. https://livejapan.com/en/article-a0002380/.

7. https://www.nytimes.com/2018/09/11/opinion/contrarian-college-stjohns.html?action=click&module=Opinion&pgtype=Homepage.

8. https://live2makan.com/2018/06/03/chinese-sauerkraut-fish-%E5%A4%AA%E4%BA %8C-shenzhen/.

9. Private conversation with management.

10. https://www.bbc.com/news/health-46986419.

11. https://www.businessinsider.com/how-a-belgian-agency-made-one-of-the-most-viralvideos-of-this-year-2012-5#it-had-45-million-views-in-24-hours-and-23-million-in-oneweek-belgium-has-a-population-of-11-million-18.

12. http://theinspirationroom.com/daily/2013/lg-pranks-ultra-reality/.

13. https://www.npr.org/2018/08/17/639467023/nyu-medical-school-says-it-will-offerfree-tuition-to-all-students.

14. https://www.cofo.edu/.

15. https://www.theatlantic.com/business/archive/2016/02/barter-society-myth/471051/.

16. https://www.josephjoseph.com/en-us/c-pump.

17. https://www.dailymail.co.uk/sciencetech/article-2737561/Turning-world-umbrellas-upside-literally-Latest-brolly-design-stops-water-dripping-opening-reverse.html.

18. https://cosmosmagazine.com/technology/how-do-bladeless-fans-work.

19. https://newatlas.com/go/5526/.

20. https://www.forbes.com/sites/nargessbanks/2018/01/10/toyota-e-palette-ces2018/# 40eeeab25368.

21. https://multi.thyssenkrupp-elevator.com/en/.

22. https://www.bbc.com/worklife/article/20171010-a-genderless-style-of-dress-for-the-wor kplace-of-the-future.

23. https://www.cnn.com/style/article/south-korea-male-beauty-market-chanel/index. html.

24. https://wwd.com/fashion-news/fashion-scoops/chanel-launching-first-mens-makeup-line-1202775531/.

25. https://abcnews.go.com/International/china-boasts-slow-delivery-postal-service/story? id=11465337.

26. http://www.dickslastresort.com.

27. https://nypost.com/2017/08/31/this-restaurant-serves-chocolate-ice-cream-in-toiletbowls/.

28. https://mashable.com/2017/02/02/hater-dating-app/#Xa8WT6x_Tiqt.

第四部分

一级方法．组合法

这一部分将介绍 LCT 的第四个一级方法，即组合法。第 17 章介绍了组合法的逻辑基础。第 18 章详细介绍了二级方法．分享法，第 19 章详细介绍了二级方法．抵消法，第 20 章详细介绍了二级方法．互增法，而第 21 章详细介绍了二级方法．套利法。在第 18 ～ 21 章，首先对各个二级方法进行总体概述，然后结合创新实例详细讨论相关的三级方法，最后简要介绍各二级方法对应的开放式搜索算法。

第 17 章

一级方法．组合法概述

一级方法．组合法反映了两类无机化学反应的原理（即化合反应和双重置换反应，见图 17-1），以及生物学中的染色体重组的机制。它们的主要共同点是将两个或多个分子中的要素相结合，来创造出新的分子（终点），而这些分子与原来的分子（起点）相比，具有非常不同的特征。一级方法．组合法正是基于以上强大的创新方法而提出的。

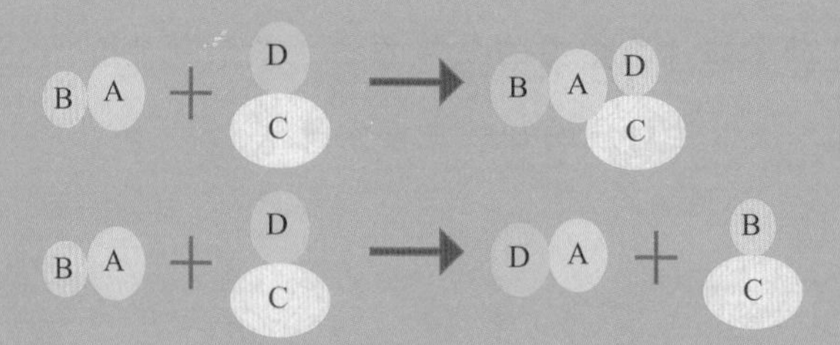

图 17-1　化合反应及双重置换反应

一级方法 . 组合法的开放式搜索算法包括以下几个步骤。首先，勘探家从一个或多个现有解决方案（起点）开始，搜寻其他现有解决方案，这些现有解决方案可能与起点相关，也可能不相关。然后，勘探家从这两个或多个解决方案（起点）中抽取要素来重新组合，形成一项新的解决方法（终点）。新的解决方案可以（甚至更好地）满足初始方案的所有需求，或者更好地满足了某个初始方案的某项需求，或者满足了一项全新的需求。最后，在此基础上，勘探家评估终点是否为提供者或使用者创造了价值。运用这样的搜索方式，通常总会找到一个有价值的终点。

这个部分详细介绍了四个二级方法。二级方法 . 分享法（第 18 章）用于寻找可以组合起来共享要素的解决方案，二级方法 . 抵消法（第 19 章）通过组合来克服其中一个起点的弱点。二级方法 . 互增法（第 20 章）用于寻找一个能放大起点价值的组合方案。二级方法 . 套利法（第 21 章）结合各解决方案的优势，提出新的方案。二级方法 . 分享法和二级方法 . 互增法产生的终点能满足起点的所有需求，并且其表现不差于起点。二级方法 . 抵消法旨在寻找一个解决方案，以更好地满足其中一个起点所满足的需求。运用二级方法 . 套利法找到的新方案，可以满足一个或多个原先的需求，或满足新的需求。

就搜索的难易程度而言，二级方法 . 分享法非常易于使用，而其他三个方法都需要努力探索和实践。虽然这四个二级方法在创新的明显程度上各有不同，但所有四个二级方法都能产生具有高价值的终点。其中，采用二级方法 . 分享法产生的终点较为显而易见，而采用其他三个方法产生的终点相对来说并不显而易见，甚至是完全不显而易见的。

第 18 章

二级方法 . 分享法

二级方法 .分享法用于确定两个或多个起点的要素是否可以共享。例如，三个独立的解决方案（例如 AB、AG、AE）包含相同的元素（A），因此分享法可以用来创建一个组合的解决方案（ABGE），该方案共享相同的元素（A），同时能满足所有三个初始方案的需求。分享可以是不同步的，也可以是同步的。不同步的分享意味着共享的要素会在不同时间段内被共享，且用于不同目的。同步的分享意味着共享的要素在同一时间段内被共享，且用于不同目的。其逻辑是，由于一些解决方案使用一个或多个相同或相似的要素，如果共享这些要素，就可以减少其中的冗余。该二级方法有许多优势，包括找到替代方案、增加提供者盈余、减少使用者耗费，以及减少局限。通常情况下，应用这一方法得到的解决方案可以满足所有初始方案的需求，但不一定能更好地满足这些需求。

搜索算法可以从一个或多个起点开始。当从一个起点开始时，主要任务是找到可共享的要素。具体来说，可以在解构起点后，通过回答以下两个问题来找到可共享的要素。

问题 1：这一要素存在于其他哪些方案里？

问题 2：这一要素还可以应用到其他什么地方？

当从多个起点开始时，勘探家通常需要找到几个平常（希望）会一起使用或作用类似的起点，然后对它们进行解构，看能否找到它们可以共享的要素。

本章中详细讨论了九个三级方法（见表 18-1），但要注意的是，这里并未囊括所有可能的三级方法，而且新的三级方法还在不断涌现中。其中有五个三级方法旨在减少使用者耗费，两个旨在减少局限，一个旨在找到替代方案，还有一个旨在增加提供者盈余。根据特定搜索方向，还可以将这些方法分为三类。第一类中的三个三级方法侧重于共享结构性的要素，每个起点继续独立运作，功能并未发生改变：**“混合”**将两个或更多起点中的要素组合起来，而不改变它们的化学结构，这样它们就可以储存在同一个空间中；**“瑞士军刀”**将原来独立的解决方案（每个都有自己的独立空间）组合成一体；**“俄罗斯套娃”**将两个或更多不同大小、满足同一需求的解决方案，进行嵌套组合。第二类中的四个三级方法侧重于共享功能性的要素：**“共用核心”**使用相同的核心要素为两个或更多的初始方案服务；**“共用非核心”**使用相同的非核心要素为两个或更多的初始方案服务；**“共用接口”**指的是两个或更多的初始方案使用相同的输入或输出接口；**“通才”**

将不同初始方案的非专业功能结合起来，整合为一个实体。第三类中的两个三级方法注重空间或时间，允许两个或多个独立的解决方案在同一时间或地点实施，而不共享功能：**“同时”**在同一时间提供多个解决方案；**“同地”**在同一地点提供多个解决方案。

表 18-1 二级方法．分享法下属的九个三级方法

目标	特定的搜索方向		
	结构	功能	空间时间
满足之前从未被满足的（使用者）需求			
找到替代方案		通才	
提升功效			
增加提供者盈余		共用核心	
	混合		同地
减少使用者耗费	俄罗斯套娃		同时
	瑞士军刀		
降低（不想要的）副作用			
降低易受损的（风险）			
减少局限		共用非核心	
		共用接口	
满足不同需求（用户、场景）			

三级方法．混合

该三级方法的逻辑是从两个或更多可以同时使用的起点中，确定并评估是否可以将其关键要素进行混合，以形成一项新的解决方案，用来实现减少使用者耗费的目的。其搜索算法通常包括找出一些可以同时使用的解决方案，尝试将其关键要素混合，看能否保持起点的原始功能，如果可行的话，是否可以将它们混合在同一空间

中。在产品创新的场景中，这些要素可以是固态、液态或气态的。

产品（商业）

为了方便消费者使用，有些公司开发生产了洗发水和护发素二合一的产品，尽管理论上它们的功效在某种程度上是相互抵消的，因为护发素会增加油脂，而洗发水则用于去除油脂。美国丝华芙（Suave）品牌甚至开发出了将洗发水、护发素和沐浴露混合在一起的三合一产品，以方便消费者储存、收纳和使用[1]。在这种情况下，混合的核心要素是液体。

2018 年 4 月，美国亨氏公司在美国推出 Mayochup 产品，将蛋黄酱和番茄酱混合在一起。由于该产品的巨大成功，一年后该公司又推出了 Mayocue（蛋黄酱和烤肉酱二合一）和 Mayomust（蛋黄酱和芥末酱二合一）[2]。

这一方法也被用来开发新型饮料。例如，将年轻人喜欢的两种饮料成分（酒精和咖啡因）混合，开发出同时含有酒精和咖啡因的饮料。然而，出于对健康的关注，许多国家已经对含咖啡因的酒精饮料实施了各种禁令。

能量棒是该三级方法在固体产品中的应用。食物中的能量来自碳水化合物、脂肪和蛋白质，而能量棒会结合多种能量来源，例如简单碳水化合物（不同类型的糖）、复杂碳水化合物（如燕麦和大麦）、乳清蛋白和脂肪（通常来自可可脂和黑巧克力）。该解决方案使人们（如运动员）能够快速补充所有三种来源的能量。

三级方法 . 俄罗斯套娃

该三级方法的逻辑是找到两个或更多的解决方案，它们在功能上相似，但在物理形式和复杂性等方面不同，然后将一个解决方案嵌套在另一个解决方案中。这个方法主要用于减少使用者耗费的目的。其搜索算法通常包括检查那些本质上相同但在物理环境或虚拟环境中大小不同的解决方案。一旦勘探家确定了一组潜在的解决方案，下一步就是对这组解决方案稍做修改，将较小的解决方案嵌套在较大的解决方案中，从而节省空间、材料、内容等。该三级方法的典型应用是同质嵌套，即嵌套的方案只是更大方案的一个较小版本。异质嵌套也是可能的，即嵌套的方案是一个较小的解决方案，但具有不同于大方案的功能。

产品（商业）

该三级方法的名称源自俄罗斯套娃玩具（Matryoshka Doll）。这种玩具于 1890 年发明于俄罗斯，由一组空心的木制玩偶组成，这些玩偶的尺寸越来越小，小尺寸的玩偶可以放在大尺寸玩偶的内部。许多产品使用同样的逻辑来创建嵌套解决方案。

一些家具被设计成嵌套式以节省空间，如桌子和凳子。一些厨房用品，例如容器和量杯，也会被设计成嵌套式来节省空间。嵌套式厨房工具里一个不太明显的例子是刀具。由于不同的刀具有不同的功能，用户通常需要在厨房里放置多种不同类型的刀具。然而，需要空间来放置它们。设计师 Mia Schmallenbach 为法国 Deglon 刀具公司设计了一款名为 Meeting Knife Set 的不锈钢组合刀具，其将四种刀具（即削皮刀、切肉刀、厨师刀和圆角刀）进行嵌套，一体成型，并在第五届欧洲餐具设计赛中获得一等奖[3]。该三级方法也被用于设计哑铃，将不同重量的哑铃嵌套组合。这款创新产品允许用户将杯状砝码以嵌套的方式扣在哑铃的两端，根据需要将哑铃从轻量级到重量级进行转换。这种独特的设计同样节省了存储空间[4]。

该三级方法也可用于产品设计中的异质嵌套。沙发床就是一个很好的例子，床被塞进了沙发里面。带有存储空间的床的设计也很常见，特别是在儿童房。

软件（商业）

该三级方法也经常被用于软件设计。例如，企业可以提供一个功能有限的免费版本应用程序。如果用户喜欢这款免费版本并希望解锁更多的功能，则可以购买付费版本软件。其实，所有的附加功能都已经包含在应用程序中了，（受限的）免费版本只是嵌套在付费版本中。这在游戏中也很常见，用户为实现某些目标，逐渐解锁更高级、更复杂的功能，而所有这些功能都是嵌套的。

三级方法 . 瑞士军刀

该三级方法的逻辑是找到两个或更多经常在同一个环境中使用的起点，创建一个包括所有起点的整合解决方案。该三级方法主要用于减少使用者耗费的目的。其搜索算法通常包括检验多个解决方案应用的环境，并确定每个解决方案的核心要素是否可以在整体解决方案中共存，但在物理层面并不加以混合（混合法的相关例子，请参见三级方法 . 混合法）。

产品（商业）

该三级方法得名于其最著名的创新例子。一把典型的瑞士军刀包含许多附件，如刀片、螺丝刀、开罐器等。这些附件都收在刀柄内，用户可以在需要时选择其中一个附件。盐罐和胡椒罐在餐馆和家庭中无处不在，如果将该三级方法应用其上，则会得到一个二合一的研磨器，一端是盐，另一端是胡椒。

三级方法 . 通才

该三级方法的逻辑是将两个或更多起点的一些功能要素抽取出来，并将其整合成一个新的解决方案。该方法旨在为多个解决方案寻找一个综合替代解决方案。其关键在于能够在一个解决方案中实现各个初始方案能够实现的多种功能。终点不必试图满足初始方案所满足的所有需求，满足其中一部分的原始需求即可。其搜索算法通常需要检查应用场景，这些场景需要适用于多种解决方案，而且并不需要非常复杂的解决方案就可满足需求。在这种情况下，勘探家可以尝试将所有起点的简化版本进行组装，看能否合为一个终点。

服务（商业）

在美国，修理工可以上门来修理几乎任何东西，只要问题不是太复杂。修理工可以胜任维修管道、刷油漆、维修小型电器、修复破损物品等室内室外的各项工作。但是，如果问题太过复杂（例如，很难诊断的水管问题），客户仍需一位专家（例如，专业水管工）来解决。修理工具备了维修专家的各项技能，但只专注于最基础、最常见的问题，更复杂的问题仍需要专家来处理（起点）。在医疗行业也是如此。家庭医生并不擅长任何特定疾病领域，他们为病人提供最初的全科诊疗服务，处理常见的健康问题。如果病人的问题很严重或难以诊断，家庭医生会将其转诊给专家。

三级方法 . 共用核心

该三级方法的逻辑是找到两个或更多的使用同一类型核心要素的起点，但这些起点并没有充分发挥其潜力。该三级方法主要

用于增加提供者盈余的目的，使用户（使用者）能以较低的成本获得解决方案。其搜索算法通常包括搜索具有相同核心要素的解决方案，然后确定核心要素是否被充分利用了。如果没有，勘探家可以尝试构建一项新的解决方案，通过共享核心要素来整合起点。终点的作用将与起点相同。核心要素的共享可以是同步的，也可以是不同步的。在后者的情况下，非核心要素可以被纳入合并后的终点；或者作为附加要素，根据需要与其他要素结合。

产品（商业）

该三级方法应用于产品设计中的一个例子，是集打印机、复印机、扫描仪和传真机于一体的多功能设备。所有这些初始方案的核心要素都是能够从一张纸上读取信息，或能将信息打印到一张纸上。在这个多功能设备中，这个核心要素是四个起点所共享的。

三级方法 . 共用非核心

该三级方法的逻辑是找到两个或更多使用相同的非核心要素的起点，但这些起点并没有充分发挥其潜力。该方法主要用于减少局限或者减少使用者耗费。其搜索算法通常包括检验具有相同非核心要素的解决方案，并确定其潜力是否被充分发挥。如果没有，勘探家可以尝试构建一项新的解决方案，通过共用非核心要素来组合原有的解决方案。终点将与起点的目标相同，满足相同的需求。非核心要素的共享可以是同步的，也可以是不同步的。在后者的情况下，非核心要素可以被纳入合并后的终点，或者作为附加要素，根据需要与其他要素结合。

产品（商业）

在美国许多教室都配备了连体课桌椅，将单人的桌子和椅子组合在一起，共用四条桌腿。还有一项不太知名的创新，是荷兰生产的 Rockid 多功能婴儿床，将摇椅和摇篮组合成一体[5]。车轮是另一个可以轻松进行组合的要素。Roller Buggy 是一款多功能婴儿车，与滑板车组合在一起；同样，婴儿车还可以与自行车组合在一起，做成脚踏式婴儿车，例如美国 TAGA 公司设计和销售的产品[6]。匙叉（Spork）是应用该方法的一个著名例子。匙叉大约发明于 100 多年前，结合了叉子和汤匙的设计，共享同一个非核心要素（即手柄）。勺刀叉（Splayd）在匙叉基础上又增加了刀的功能，即在器皿头部两侧增加了两个坚硬而平滑的边缘，使用户能够切开柔软的食物。

可拆卸手柄式锅具是非同步分享的一个很好的例子，这种锅具的手柄可进行拆卸组装[7]。虽然锅具一般都配有一个固定的手柄，但这种创新将这两个部件分开，用户可以根据需要决定是否在锅具上安装手柄。同一个手柄也可以安装到不同大小的锅具上。因此，人们可以购买许多这样的锅具，而只需购买一个或两个手柄（取决于可能同时使用的锅具的数量）。该创新为用户和厂商都

提供了巨大的价值。对用户来说，这种设计节省了空间，因为手柄通常会占用大量的存储空间；而且，拆卸了手柄的锅具很容易放进洗碗机清洗。同时，购买这些锅具的成本也比较低。从厂商的角度来看，这种设计减少了包装和运输的成本，更重要的是，创造了用户的购买“黏性”，因为他们极有可能会购买与现有手柄配套的锅具。注意，这个例子也体现了一级方法.内生法下属的二级方法.时间重组法的使用时整合搜索路径。

三级方法.共用接口

该三级方法的逻辑是找到两个或多个具有相同输入和/或输出接口的起点，并确定这些输入和/或输出接口是否可以合并。这一方法主要用于减少局限的目的。其搜索算法通常包括检查具有相同输入和/或输出的解决方案，特别是那些必须和有限的外部元素进行对接的解决方案（例如，输入和/或输出接口来源相同的解决方案）。

产品（商业）

奶嘴型体温计是一款将奶嘴和体温计的输入接口结合在一起的产品，因为奶嘴和体温计都必须插入婴儿的嘴里才能发挥作用。这项创新采用了奶嘴的设计，但内置了一个体温计，产品外部显示温度，使护理人员能够持续监测婴儿的体温。在医疗保健方面，中心静脉导管或外周静脉导管的一端可插入静脉，而另一端可配有多个不同的连接口，使护理人员可以完成多项任务，如药物注射、中心静脉血压监测、血液采样等。在计算机设备中，经常需要使用导线 / 连接线来连接信息端和电源端，由于不同设备通常接口不同，因此用户需要购买多种不同类型的导线 / 连接线。基于这一方法的创新，可以在一根导线 / 连接线上安装多种不同类型的连接头，这样就可以与不同的外部连接设备一起使用。

三级方法 . 同地

该三级方法的逻辑是找到两个或更多可以在同一地点使用的起点。这一方法主要用于减少使用者耗费的目的，让使用者能够在同一地点执行两个或多个任务。其搜索算法通常包括检查使用者需要（或可以）执行多个任务的场景。或者，勘探家也可以从一个任务（起点）开始，并确定在此地点还可以执行的其他任务。在应用该三级方法时，原来的多个起点并没有直接组合在一起；通常情况下，它们仍然可以被看作独立的解决方案，只不过它们执行的地理位置很接近。该三级方法通常可以通过减少使用者耗费，增加组合后解决方案的吸引力。

旅游（商业）

我在参观台湾孙中山纪念馆时，有趣地发现，许多前来参观的

游客仅是为了观看每小时一次的换岗仪式，并不会去参观与孙中山有关的历史文物。将换岗仪式作为纪念堂的一个景点，大大增加了游客的数量。同样，美国大学提供的海外学习项目经常与热门旅游地的教育机构合作，目的是通过为留学生提供丰富的旅游机会来增加这些项目的入学率。

零售业（商业）

在零售业中，应用该三级方法非常成功的一个例子是超大型的加油站。在美国东海岸有两家大型连锁店 Wawa 和 Sheetz，它们都应用三级方法 . 同地法获得了巨大的成功。加油站通常在汽油销售上只能赚到很微薄的利润，因为汽油产品是标准化的，而且竞争者之间相距很近，消费者常根据汽油产品或价格的细微差别来选择加油站。然而，驾驶人在停车后可能会做很多事情，如购买食物或咖啡，或使用洗手间。Wawa 和 Sheetz 建立了超大型的加油站，将所有这些活动都集中在同一地点，从而增加了对驾驶人的吸引力。最后，它们不仅降低了顾客对汽油的价格敏感度，而且由于快餐服务的利润率相较于汽油销售要高很多，通过提供一流的快餐服务，实际上大大增加了利润。

三级方法 . 同时

该三级方法的逻辑是找到两个或更多的起点，以一种能够使它们同时被使用的方式进行组合。这一方法让使用者能够同时完成多项任务，从而实现提升功效、减少使用者耗费的目标。其搜索算法通常包括检查时间这一要素被高度重视的场景。在这些场景中的任务，可能只需使用某些类型的认知努力（例如思考）或人类感官（例如视觉）即可执行。该三级方法尝试将这些任务组合在一起，使它们可以同时被执行。

服务（商业）

该三级方法经常被用于服务业，因为游客总是希望在特定时间内做尽可能多的事情。例如，一家剧院餐厅能让人们在观看演出的同时，吃上一顿不错的饭菜，把吃饭的任务变成一种体验。

活动（生活）

还可以应用该三级方法将私人和商业的会议与用餐相结合。例如，午餐研讨会（Brown Bag Talks）就是一种让参会者带着自己的午餐，边吃边听演讲的活动，在学术圈很受欢迎。这种设计使参会者可以同时做吃午饭和听学术演讲这两件事。

开放式搜索算法：二级方法 . 分享法

二级方法 . 分享法的搜索算法涉及两个搜索方向。第一，勘

探家可以确定起点中的一个要素，然后搜索其他所有使用该要素的解决方案。在这种情况下，勘探家可以尝试使用一个或多个关键词来描述这个要素，并使用谷歌等搜索引擎进行搜索，以确定其他相关的解决方案，再确定这个要素能否被共享。第二，勘探家可以先确定一个场景（例如，用餐、徒步旅行），然后找出其他所有在该场景下使用的解决方案，再尝试是否可以将这些解决方案组合，以使得其中一些要素可以被共享。

注　释

1. https://www.suave.com/us/en/products/3-in-1-hair-body-citrus-rush2.html.

2. https://www.usatoday.com/story/money/2019/06/04/heinz-mayo-ketchup-spread-means-something-different-in-canada/1205957001/.

3. https://interestingengineering.com/these-nesting-knives-take-up-just-the-space-that-asingle-knife-would-take.

4. https://www.beautifullife.info/industrial-design/new-innovative-adjustable-dumbbells-inspired-russian-dolls/.

5. https://www.ontwerpduo.nl/shop/rockid/.

6. https://us.tagabikes.com/product-category/bike/.

7. http://www.lifetimecookware.com/lten/News/DetachableHandleSystem.htm.

第 19 章

二级方法 . 抵消法

二级方法 . 抵消法通过将起点（A）和一个与该起点并不相关但在前者弱项上很有优势的起点（B）进行组合，以减少或去除起点（A）中的弱项。目的是借用后者的力量来抵消初始方案的弱点。表述如下，其中 B′ 可以是 B 或 B 的一部分，如有需要也可以对 B 进行适当修改。

$$A+B \rightarrow AB'$$

其逻辑是，初始起点的弱项可能已经在另一个起点中得到了解决，而这个起点可能与初始起点并不相关。如果勘探家能够找到这个起点，并将其要素引入初始起点，就可弥补初始起点弱项上的不足。通常情况下，运用该二级方法形成的解决方案能更好地满足初始起点（A）的需求，但一般和起点（B）的需求无关。

搜索算法从含有弱项的起点 A 开始，并结合 B（另一解决方案）来创建 AB′，其中 B′ 的作用是减少或去除 A 的弱项；AB′ 服务于 A 的需求，与 B 的需求无关。抵消法旨在减少限制当前解决方案潜在价值的副作用、易受损的风险或约束。在应用这个二级方法时，勘探家可以提出两个问题来启动搜索算法。

问题 1：对现有解决方案（A）的哪个特性是不希望有的（哪些副作用最好能去除）？

问题 2：哪个（与 A 无关的）解决方案（B）在这个特性上做得非常好？

本章详细讨论了四个三级方法（见表 19-1），但要注意的是，这里并未囊括所有可能的三级方法，而且新的三级方法还在不断涌现中。其中有一个方法旨在降低（不想要的）副作用，有一个旨在降低易受损的（风险），还有两个旨在减少局限。根据特定的搜索方向，也可以将这些方法分为两类。第一类中只包含一个三级方法，侧重于在已经解决了类似挑战的解决方案中识别相关要素：**“专长”**寻找在其他场景下解决了类似问题的解决方案，并识别这些解决方案是否可被纳入当前起点，来消除起点的约束和限制。第二类中包含三个三级方法，侧重于使用者的偏好：**“尊重”**将其他解决方案中备受推崇的要素纳入起点，以降低（不想要的）副作用；**“嫌恶”**将人们强烈不喜欢或害怕的要素纳入起点，以减少易受损的（风险）；**“喜欢”**将使用者喜欢的要素纳入起点，以减少局限。

表 19-1　二级方法 . 抵消法下属的四个三级方法

目标	特定的搜索方向	
	专家	使用者偏好
满足之前从未被满足的（使用者）需求		
找到替代方案		
提升功效		
增加提供者盈余		
减少使用者耗费		
降低（不想要的）副作用		尊重
降低易受损的（风险）		嫌恶
减少局限	专长	喜欢
满足不同需求（用户、场景）		

三级方法 . 专长

该三级方法的逻辑是找到一个与初始起点不同的起点，而这个起点通常存在于与初始起点不相关的领域，并在初始起点的弱项上表现优异。该三级方法通常用于消除约束的目的。其搜索算法包括仔细解构起点，评估需要纠正哪个弱项；接着，勘探家在其他领域中寻找用于解决类似问题的更好的解决方案；然后，勘探家可以尝试将更好的解决方案中的要素纳入初始的解决方案，以消除约束。

产品（商业）

小黑侠跟拍无人机（Hover Camera）[1] 将照相机与迷你无人机相结合。这项创新的初始起点是一款用于自拍的相机（或照相手机），或者可以设置为延迟曝光来拍摄。然而，原先的解决方案受

到用户手臂长度的限制，只能捕捉到部分背景，无法捕捉到远处的场景，例如两人牵手走在沙滩上的场景。此外，设置延迟曝光并将相机（或手机）放在三脚架或坚固的表面上可能并不总是可行的。除了上述这些限制外，相机只能从一个固定的位置捕捉场景（照片或视频）。为了消除这些限制，需要找到在三维空间中能灵活地，甚至是自动地从一个地方移动到另一个地方的解决方案。答案自然是无人机。设计师将无人机可灵活移动的能力融入相机中，从而使相机可以从任何角度连续拍摄照片或视频。

该三级方法在产品创新中一个有趣的应用是英国制造的 Shreddies，即一款过滤内衣[2]。每人每天平均排泄 14 次气体，而这对于患有肠易激综合征，或吃了诸如大蒜、洋葱和辛辣菜肴等刺激肠胃的食物，或喝了啤酒的人来说，则是更需要关注的问题。高纤维食物、乳糖不耐受或一些消化系统疾病也可能会导致相关问题。在公共场合放屁很令人尴尬，气味会给自己和附近的人带来极度的不适感。Shreddies 创新地应用了活性炭过滤器，这是其他场景下过滤空气的理想方案。这项创新在内衣中加入了活性炭背板，它可以吸收胃肠胀气所排出的所有气味，并且简单地清洗后就可以重复使用。

三级方法 . 尊重

该三级方法的逻辑是从一个与初始起点不相关的场景中，找到一个与初始起点不相同的起点，而这个起点中有一个特别受尊重甚至被赞美和喜欢的要素，可以用来改善初始方案的一个弱点。

该三级方法通常用于消除副作用的目的。其搜索算法包括仔细解构起点，评估哪个弱点需要得到纠正；接着，勘探家在有类似问题的相关领域中寻找一个极受推崇的解决方案；然后，勘探家可以尝试将后者的一个要素纳入起点，以消除起点的副作用。

税收（公共部门）

正如本杰明·富兰克林（Benjamin Franklin）所言，“除了死亡和税收，没有什么可以说是确定的”，而这两者都不被人们所喜欢。虽然对于死亡，我们无能为力，但对于税收，我们还是有机会改善的。人们不喜欢缴税，但许多人自愿把钱捐给各种公益事业，并为此感到非常自豪和高兴。在上述两种情况中，人们都在为社会公益事业捐钱。可以想象，政府可以建立一个专门的税收制度，要求人们缴纳一定比例的收入税。但与现有的税收制度不同的是，人们可以在广泛的类别中分配税费，也就是他们可以指定自己缴纳的税款如何使用（例如，用我 30% 的税款来支持 NASA 的研究）。这可能会大大增加纳税人的满意度。

商业模式（商业）

该三级方法已被广泛用于商业领域，来创造新的商业模式。以前，营利性公司是指追求股东利益最大化的组织实体。但现在时代变了，消费者越来越不愿意支持那些只为股东利益运作的公

司，而正在寻求支持那些试图造福社会的公司。

这导致了商业中的一项重大创新，我称之为虚拟股东（Artificial Shareholder，AS）模式[3]。这一概念类似于英国的社会企业和美国的福利企业。社会企业是指以社会福祉而不是股东利润最大化为主要目标的公司；福利企业是指为追求特定的公共利益而不是利润最大化而正式成立的公司。截至 2020 年年初，这种正式的公司结构已经在美国 35 个州得到批准。善因营销（Cause Marketing）也包含类似意思，但它是一种企业战略，而不是一种公司结构。虚拟股东与这些概念重叠，在某些方面限制性更强，但在其他方面更宽泛。虚拟股东的限制性在于，企业必须做出永久性承诺，与第三方分享特定比例的收入或利润，但不控制这些钱的使用方式。这个百分比（或同等数量的产品或服务）必须被精确定义，而且这个承诺是永久性的，就像与一个真正的股东签订股东协议一样。在某些情况下，企业可以在法律上将这种承诺正式化。然而，虚拟股东的模式并不仅限于支持社会福利组织；企业也可以支持那些被社会上大多数成员认为不够重要的第三方，或者与公认的社会规范相违背的事业。例如，一家虚拟股东公司可能承诺将其收入的 2% 捐给研究是否有外星人造访过地球的机构。通常情况下，采用虚拟股东模式的公司会找到一个客户深切关心的虚拟股东。

在第 15 章一级方法 . 替代法下属的二级方法 . 抽象法中讨论的两家公司是虚拟股东商业模式的优秀范例。创立于 2006 年的汤姆布鞋公司创造了“买一捐一”的商业模式。该公司承诺，每卖出一双鞋，就会向有需要的人捐出一双鞋。沃比 · 帕克公司由美国宾夕法尼亚大学沃顿商学院的四名 MBA 学生于 2010 年创办，主营眼镜产品的销售。这些学生复制了汤姆布鞋公司开创的“买一捐一”的商业模式，并承诺每卖出一副眼镜就向有需要的人捐赠一副眼镜。这些公司不再是小众企业，现在已经发展成为各自行业的重要企业。捐赠给虚拟股东所花费的成本可以通过推广和渠道费用的减少来弥补。

2002 年，美国户外品牌巴塔哥尼亚（Patagonia）的创始人伊冯・乔伊纳德（Yvon Chouinard）和美国飞蝇垂钓设备品牌 Blue Ribbon Flies 的创始人克雷格・马修（Craig Mathews）联合创建了“为地球捐赠 1%”（1% for the Planet）组织。截至 2020 年年初，该组织已经发展成为拥有来自 45 个国家的 2000 名会员的团体。“为地球捐赠 1%”组织成员承诺将其收入的 1% 捐赠给致力于保护地球的组织，无论其是营利还是非营利性质的。亚马逊公司在此基础上改进了这一模式，增强了这一模式的灵活性，以适应消费者的偏好。亚马逊微笑（Amazon Smile）慈善网站看上去与亚马逊主网站并无二致，区别在于亚马逊微笑会将特定产品销售收入的 0.5% 捐赠给慈善组织，而消费者在购买产品时，可以在 100 多万个正规慈善组织中选定其希望捐赠的慈善组织。

三级方法 . 嫌恶

该三级方法的逻辑是在一个与初始起点不相关的场景中，找到一个与初始起点不相同的起点，而这个起点有一个特别让人厌恶或害怕的要素，可以用来消除初始方案存在的易受损的风险。

具体来说，通过加入嫌恶要素让不相关人员远离。其搜索算法包括仔细解构起点，评估哪里有易受损的风险需要修正；然后，勘探家在其他领域中搜寻导致人们产生强烈负面反应而想要回避的要素，并评估这个要素是否可以被纳入起点中以消除易受损的风险。该三级方法通常用于防止偷窃或接触某些物品。

产品（商业）

在美国，很多员工自己带午餐来办公室就餐，因为这样做很方便，也很健康，而且成本低。通常，员工在早上来上班时将午餐存放在一台公用冰箱里。但不幸的是，在某些情况下，午餐可能会被其他人有意或无意地拿走。由于午餐存放于公共区域，而且不是高价值的物品，这种行为很难追踪或避免。为了消除这一弱项，可基于三级方法 . 嫌恶法提出一个解决方案，即将午餐与没有人想拿的东西结合起来存放。有一些东西是人们不想要触碰的。例如，在一项创新中，一家三明治包装袋的制造商在一个普通的透明袋子上印上了霉菌的图片，让人误认为里面的食品已经变质了——即使是小偷也想远离霉菌，这样就保证了袋中食品的安全[4]。

另一个使用该三级方法来阻止盗窃的例子是自行车锁的创新。一辆好的自行车可能相当昂贵，但它们在校园和城市中经常被盗。据报道，每年有 150 万辆自行车被盗，其中只有 2.4% 被找回。车主使用坚固的锁，如 U 形锁，来保护他们的自行车，但实际上，任何锁都可以用工具在一分钟或更短时间内被切断。勘探家没有试图寻找新的材料或设计来增加切割难度，而是采用三级方法 . 嫌恶法来消除这一弱项，而且这项创新因其独特创意获得了广泛报道[5]。他们寻找能够让盗贼远离，并且没有人愿意切割的东西。他们的解决方案被称为臭锁（Skunk Lock），即在 U 形锁内装入一种令人恶心的气体，一旦车锁被切断，臭气就会被释放出来。这一化学物质会导致小偷呕吐，损害他们的视力，并造成呼吸困难，从而使他们暂时丧失偷窃的能力。化学物质释放的烟雾还会提醒过路人这里有人正在偷车。按照同样的逻辑，勘探家可以采用该方法来找出其他替代品，例如爆炸、电击、刺耳的声音、刺鼻的气味、高温等。

三级方法 . 喜欢

该三级方法的逻辑是在一个与初始起点通常不相关的场景中，找到一个与初始起点不同的起点，而这个起点有一个特别令人愉悦的要素，即便没有任何激励人们也会欣然接受它。该三级方法通常用于消除约束或副作用的目的。其搜索算法包括仔细解构起点，并评估哪个弱点需要纠正；然后，勘探家在其他领域的解决方案中寻找大多数人都会喜欢的要素，尝试是否可以将其纳入初始方案，以消除初始起点的限制。

产品（商业）

爬楼梯对人们的健康有好处，但除非万不得已，大多数

人都会选择乘坐自动扶梯或电梯，因为爬楼梯不仅累人（这对健康有好处），而且无聊（这与健康无关）。德国大众汽车公司（Volkswagen）认为，给人们的常规生活增加一点乐趣，可能会改变他们的行为，使之变得更好。该公司在瑞典斯德哥尔摩的一个地铁站做了一个试验，结果发现把楼梯改造成钢琴琴键后，比起自动扶梯，走钢琴楼梯的人多了66%[6]。在原本枯燥的过程中加入有趣的元素，这个想法也被用来减轻人们在游乐园排长队时的无聊感。迪士尼、六旗游乐园和环球影城的主题公园都将视频、游戏和动画人物元素融入排队的过程中，让排长队的游客不再感到无聊[7]。

2005年，我在美国宾州州立大学讲授的一个新产品开发课程中，几位MBA学生开发了一款互动牙刷。这一创新的起点是当时非常流行的佳洁士电动牙刷（Crest Spin Brush），目标是解决与牙刷相关的一个重要弱项，即刷牙是枯燥的。由于刷牙是一个重复且枯燥的过程，例如每次刷牙需要两分钟，一天要刷两次牙，因此许多人尤其是孩子没有正确或充分地刷牙。为了找到克服这一弱项的潜在解决方案，学生们提出了一个问题：什么样的活动是孩子们真正喜欢做，而且很少让他们感到无聊的。答案是电子游戏。因此，他们在牙刷中加入了视频游戏，并申请了专利[8]。在这项创新中，牙刷充当了遥控器，特定的刷牙动作会向游戏机发送特定的信号。如图19-1所示，该专利申请图展示了人们正在玩一个游戏，目标是帮助一只老鼠找到奶酪，为了使鼠标向右移动，人们必须以一定的速度在嘴的右侧上下刷动。这项创新不仅能抓住年轻用户的兴趣，而且可以针对个人的具体刷牙需求进行设计（例如，牙医可能会建议某个人多刷右上侧牙齿）。厂商也可以通过销售不同的牙刷游戏来获得大量重复购买。

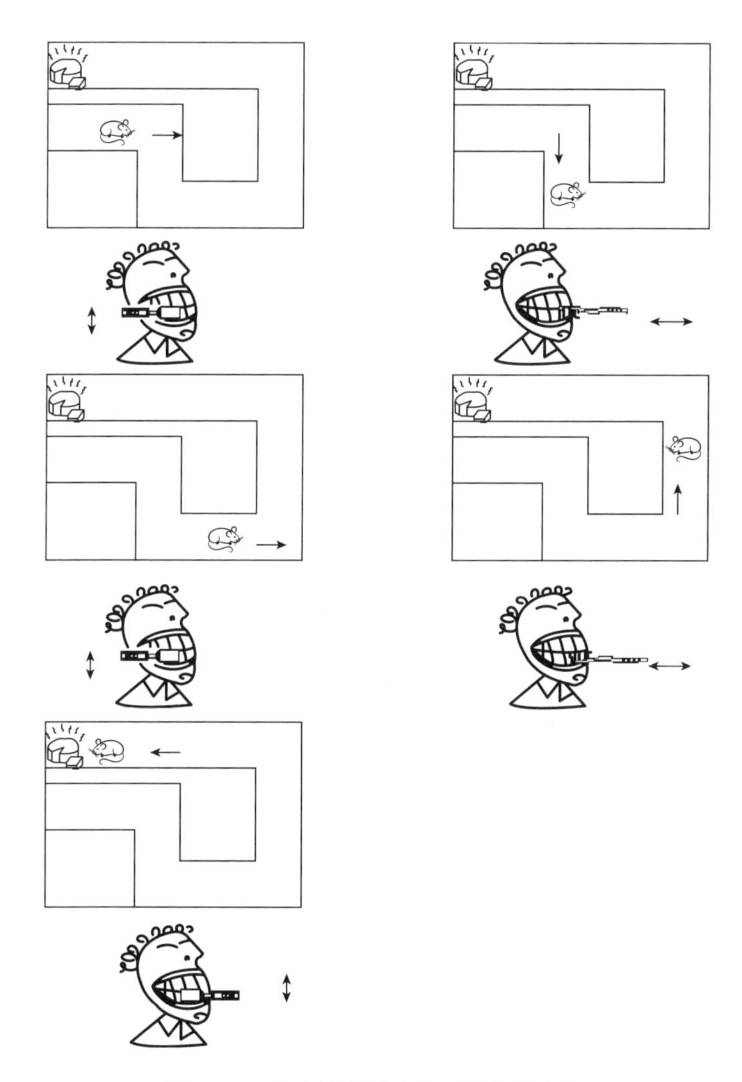

图 19-1　含有视频游戏的牙刷专利申请

该三级方法还有一个非常有趣的应用，就是游戏抽水机（Playpumps）[9]。这项创新是为非洲某些地区发明的，这些地方看似缺水，但其实有着丰富的地下水资源。但由于这些地区也没有稳定的电力供应，因此只能通过安装手动抽水泵来取水。然而，手动抽水是一件枯燥的工作。为了克服这一缺陷，勘探家开始寻找人们特别喜欢且可产生充足动能的活动。生活中，人们在做运动、跳舞、体育锻炼等活动时都会释放大量动能。因此，游戏抽水机的发明者在手动水泵中加入了一个旋转木马，并将该设备放置在学校操场附近。每次孩子们在旋转木马上玩耍时，都会把水抽上来。同样的逻辑也适用于其他需要能源的地方，解决方案是利用人们愿意做的事情，创造大量的动能，例如可用人们行走或跑步的动能来发电的街道瓷砖[10]。

开放式搜索算法：二级方法．抵消法

开放式搜索算法包含两个方向：勘探家可以从起点的弱项或者强项开始进行搜索。如果从起点的弱项开始搜索，勘探家可从至少三个层面，即特定领域（例如价格）、特定品类（例如汽车的价格）和特定起点（例如保时捷麦肯 S 车型的价格），来检查副作用（S）、易受损的风险（V）和局限（C）三种类型的弱项。一旦确定了值得消除的弱项，勘探家就应该寻找在这个维度上具有优势的要素。如果从起点的强项开始搜索，勘探家应该寻找纳入这个起点后可能会受益的解决方案。例如，将葡萄酒添加到一些食谱中，可以消除某些成分的不良气味或味道。

注　释

1. https://gethover.com.

2. https://www.myshreddies.com.

3. Ding, M.（2015）. Fair wealth. Customer Needs and Solutions, 2（2）, 105-12.

4. https://www.thisiswhyimbroke.com/fake-mold-anti-theft-lunch-bag/.

5. https://www.cnn.com/2016/10/21/world/skunklock-the-lock-that-fights-back-trnd/index.html.

6. https://www.youtube.com/watch?time_continue=101&v=2lXh2n0aPyw.

7. http://articles.latimes.com/2013/aug/08/business/la-fi-theme-park-lines-20130809.

8. https://patents.google.com/patent/US20060040246A1/en?oq=US20060040246A1.

9. http://www.playpumps.co.za/index.php/how-it-works/.

10. https://www.scientificamerican.com/article/pavement-pounders-at-paris-marathongenerate-power/.

第 20 章

二级方法 . 互增法

二级方法 . 互增法将两个或更多的起点组合起来，看能否为其中一个或多个起点创造更大的价值。目的是通过将两个或以上（并不相关的）解决方案以特定方式组合，使得组合后方案的价值大于原有方案的价值总和。其逻辑是，如果以适当的方式将一些初始方案加以组合，可以带来各种好处，例如使一个或多个初始方案更有效（例如通过协同方法），增加提供者盈余，满足不同需求，甚至生成初始方案中不存在的功能。通常，应用二级方法 . 互增法得到的终点，能够满足每个起点所满足的所有需求，并至少能够比其中一个起点做得更好，而且跟其他起点做得差不多好。例如，A 和 B 是两个独立的针对不同需求的解决方案。勘探家应用二级方法 . 互增法，可以尝试创建一个 AB 组合后解决方案，使其对使用者或者提供者来说，组合方案 AB 的价值（V）大于独立方案 A 与 B 的价值之和。也就是说：

价值（AB）> 价值（A）+ 价值（B）

价值（A|AB）≥价值（A）和价值（B|AB）≥价值（B）

搜索算法通常从一个起点开始，但如果互增法的潜在应用很显而易见，勘探家也可以从多个起点开始。如果勘探家从一个起点开始搜索，其主要任务是确定可以将其他哪些起点整合起来，以增加组合后解决方案的总价值。勘探家可以遵循特定的搜索方向进行搜索。第一个搜索方向是考察组合后解决方案的扩展功能是否会带来价值，而不是寻找参与组合的各解决方案之间的功能协同。在这个方向上，组合后的解决方案并不能提供比以前的独立解决方案更好的功能，而是从其他角度提升价值。第二个方向是寻找那些可以通过组合初始方案以单向增强（加入 A 会增强 B 的功能，但反之则不会）或双向协同（加入 A 会增强 B 的功能，反之亦然）的方式，增强一个或多个起点功能的解决方案。第三个方向则关注组合后解决方案的整体评价，通过组合多个起点，找到一项系统性解决方案，所有起点中的功能将成为这个组合后解决方案中的要素。在一些情况下，这样的组合后解决方案将生成初始方案中所没有的功能。

本章详细讨论了七个三级方法（见表 20-1），但要注意的是，这里并未囊括所有可能的三级方法，而且新的三级方法还在不断涌现中。其中有一个方法旨在满足之前从未被满足的（使用者）需求，三个方法旨在提升功效，两个方法旨在增加提供者盈余，以及一个方法旨在满足不同需求（用户、场景）。还可以根据特定的搜索方向，将这些方法分为三类。第一类仅包含一个三级方法，它并不改变初始方案的功能，而是扩展了其适用范围：**“捆绑”**通过为使用者提供组合购买的解决方案，来增加提供者盈余，但同

时提供者通过收取较低价格而将一部分盈余转让给使用者。第二类包含两个三级方法，侧重于通过组合来提升功效：**“跟随”**通过组合来提升自身功效；**“协同”**通过组合来提升彼此的功效。第三类包含四个三级方法，侧重于提供一项整体的解决方案：**“复杂系统”**通过组合来提供初始解决方案中不存在的新功能；**“个体复杂性”**通过组合来提供复杂且更令人满意的用户体验，这通常是从情感或感官体验的角度而言的；**“匹配”**通过对解决方案进行匹配来创造价值；**“群体复杂性”**根据不同用户群体的不同偏好，来进行组合。

表 20-1 二级方法 . 互增法下属的七个三级方法

目标	特定的搜索方向		
	范围	单个功能	系统功能
满足之前从未被满足的（使用者）需求			复杂系统
找到替代方案			
提升功效		跟随	个体复杂性
		协同	
增加提供者盈余	捆绑		匹配
减少使用者耗费			
降低（不想要的）副作用			
降低易受损的（风险）			
减少局限			
满足不同需求（用户、场景）			群体复杂性

三级方法 . 捆绑

该三级方法的逻辑是找到几个拥有相关功能的起点，将它们组合成一个解决方案，以解决初始方案所有的需求，但不增强其原有功能。该三级方法通常用于增加提供者盈余的目的。反过来，提供者可能会以降低价格（或其他类型的用户成本）的形式将一些盈余转让给使用者。其搜索算法包括仔细解构起点，然后评估该起点中每个要素（或整体解决方案）的功能可以如何与其他解决方案的功能相结合。勘探家可以从两个方向来进行组合。一个方向是将起点与其需求相关的其他解决方案相结合，从而使用户（使用者）在购买起点的时候，可同时选择购买与之相关的其他解决方案。另一个方向是将起点与满足未来需求的相关解决方案相结合，以促进用户对未来解决方案的消费。用户可购买最终的（组合）解决方案，来同时满足当前和未来的需求。

产品（商业）

该三级方法已被广泛应用于产品研发。在餐饮业，快餐店通常会提供套餐，将主食（如汉堡）、副食（如薯条）和饮料组合在一起销售；在许多餐厅中，主菜可与前菜、沙拉、汤，甚至甜点组合在一起销售。单反相机通常也会以套装形式销售，其中包括机身、镜头、相机盒、存储卡、备用电池组，有时甚至还包括闪光灯、滤镜、三脚架和附加镜头。

服务（商业）

该三级方法也被广泛应用于服务业。美国的保险公司将各种

保险捆绑成套餐一起销售，如果客户购买保险套餐（房屋保险、汽车保险、人寿保险等），就会享受一定的折扣。美国有线电视公司也以捆绑方式提供频道订阅服务。在旅游业，提供组合套餐也很常见。购买游轮船票的旅客不仅购买了船舱空间，还购买了船上和停靠港口的各种休闲游览活动。

定价（商业）

消费者和竞争者都很难准确地说出一家公司提供的组合套餐中某项特定产品或服务的价格是多少。由于消费者无法将套餐与其他产品或某个方案的参考价格进行对比，因此消费者对套餐的价格敏感度相对较低。这种做法也使竞争对手更难在价格上竞争。混合零食套装就应用了该三级方法，例如混合坚果，或混合干果，或坚果和干果的混合装。消费者很容易比较不同品牌的 6 盎司（约 170 克）夏威夷坚果的价格，但很难比较 6 盎司坚果和干果混合装的价格，因为其中的成分和混合比例都不相同。

启动战略（商业）

该三级方法也被用于新产品或是那些目标客户不熟悉的产品的推广。如果企业将新产品或目标客户不太熟悉的产品与其愿意购买使用的解决方案组合在一起销售，企业就能迅速提高前类产品的市场接受度。

三级方法．跟随

该三级方法的逻辑是找到一个已经被特定用户群使用的解决方案，并确定可以与其相结合的其他解决方案，使得这些解决方案在与初始方案组合后能提升自身性能。该三级方法通常用于提升功效的目的。当采用该三级方法时，初始解决方案的性能不会得到提升，而其他解决方案会因与初始解决方案结合而受益。其搜索算法包括仔细解构起点，并确定起点中某个要素（或整体解决方案）是否可用于提高其他解决方案的性能。该三级方法常被应用于服务业。

服务（商业）

志愿者旅游这种旅游方式，是指让人们到景点看风景的同时，参与当地的志愿工作。例如，去秘鲁 15 世纪建造的印加城堡马丘比丘旅游，同时帮助公园管理员维护山路，并承担一些考古修复的工作[1]。虽然很多人参与志愿者工作，但他们受到居住地的限制，通常只能参与他们居住地当地的志愿者工作。而去一个旅游景点游玩，则可以突破地理的限制。游客在旅游的同时，帮助改善当地人的生活和环境，这样游客也可在志愿者工作中获得更多的满足感。由于当地的用工需求往往非常迫切，因此游客的志愿者工作也能增加更多的价值。

另一个例子是公主邮轮（Princes Cruises）和探索频道（Discovery

Channel）共同组织的以科学为主题的游轮服务。其中一个套餐为乘客提供了观星的机会。虽然观星在任何地方都是令人兴奋的体验，但由于游轮可以前往没有光污染的地方，观星体验会更好[2]。当然，邮轮也是开展其他活动的理想空间，例如约会。由于在邮轮上一般没有太多事情可做，因此在只有单身人士才能参与的游轮上，人们会更加专注于约会，最大限度地增加单身人士结识他人的机会。

三级方法 . 协同

该三级方法的逻辑是找到两个或更多的起点，将其组合在一起，以增强彼此的功效。该三级方法通常用于提高组合方案中所有方案的功效。其搜索算法包括仔细解构起点，并尝试将其中一个要素（或整体解决方案）与其他解决方案相结合，看能否产生积极的交互作用（协同作用）。

公司治理（商业）

在商业世界中，该三级方法经常被用于兼并和收购业务。2018 年美国西维斯健康公司（CVS Health）通过收购美国安泰保险公司（Aetna），变成了美国首屈一指的健康创新公司，“将两家业内顶尖公司的能力相互结合……通过协同作用，为股东创造巨大价值”[3]。西维斯健康公司的零售门店为安泰保险公司在全美许多社区提供本地服务，从而使客户能够与保险代表面对面交流。作为回报，安泰保险公司向西维斯健康公司提供了重要的个人健康信息，使其能够更好地服务客户。

该三级方法在公司治理中的另一个应用是以营利性公司的模式开展公益事业，即注册一家营利性公司，按照营利性公司的模式进行管理和运营，但将其 100% 的利润用于非营利事业[4]。例如，上海有知庐公司（hen103.org）就是这样一家企业，它是由我和合作伙伴联合创办的。这种经营模式更容易产生利润，因为它受到客户和商业伙伴的青睐和信任。而且，和营利性公司相比，这种经营模式更容易利用资源。此外，选择开展的非营利性事业是灵活的，无须受到捐赠者利益驱动的限制，因此消除了筹款的需求。

产品（商业）

在餐饮业，将不同的食物进行搭配，或者将不同的食物和饮品进行搭配的做法都极为常见。例如，特定的葡萄酒要与特定的奶酪和肉类来搭配。同样，食谱也要遵循食材搭配的原则。所有这些都是为了给食客提供更好的味觉体验。

三级方法 . 复杂系统

该三级方法的逻辑是找到非常多的起点，将其组合起来，使得其中各个解决方案有机地相互作用，以创造出原有解决方案所

不具备的功能。该三级方法通常用于满足之前从未被满足的需求的目的。其目标是创造新的功能，而不是增强原有起点的功效。

该三级方法涉及复杂系统的多个相关领域及其学术研究。复杂系统指的是由许多解决方案（这相当于本书中的起点）组成的系统；各起点之间相互作用产生的新特征是整个复杂系统（这相当于本书中的终点）的特征，这是单个起点所不具备的。这些特征被称作涌现行为（Emergent Behaviors），是复杂系统的属性。考虑到这项方法潜在的创新价值和变化的多样性，三级方法 . 复杂系统法在未来可能被提升为二级方法。同时，我们应该认识到，目前对复杂系统的工作原理仍有许多未知，因此要设计出一个新的复杂系统来创造出新的、有价值的特征还是很困难的。

生物学（自然）

各个层级的生命体都是一个复杂系统。活细胞、器官（例如大脑）、人、社会组织（例如城市）和物种都是不同层级的复杂系统。自然环境也可以分为许多不同层级的复杂系统，小到一个地方的生态系统，大到全球气候，乃至整个宇宙。

三级方法 . 个体复杂性

该三级方法的逻辑是找到两个或更多的起点，将其组合起来，以增加使用者奖励的复杂性，从而提高价值。该三级方法通常用于提升功效的目的。应用此方法，目的是提高组合后解决方案的整体价值，而不是提高每个单独解决方案的价值。尽管该三级方法也可以用于实用性目的，但主要用于提供情感和 / 或感官方面的奖励。其搜索算法包括仔细解构起点，然后评估其中的要素（或整体解决方案）是否可与其他解决方案（或其中的要素）组合在一起，以提供更复杂、更有价值的使用者体验，而这一过程通常是通过增强情感或感官体验来实现的。

情节（艺术）

电影和小说的情节往往会激发观众复杂的而不是单一的情绪。有一种艺术形式叫作悲喜剧，它结合了喜剧和悲剧。例如，一部悲剧可以结合喜剧情节或者有一个美满的结局。英国剧作家莎士比亚的《暴风雨》（*The Tempest*）就是这样一个例子。类似地，广告可以设置一些情节来引发观众的复杂情绪，以增强广告传播效果。一些音乐创作混合了两种或更多不同流派的音乐风格，给听众带来有鲜明对比的听觉体验。例如，流行说唱将有节奏的说唱形式与流行音乐的悠扬人声相结合。

服务（艺术和接待）

很多服务场景会通过提供多维度感官体验，来创造更好的用户体验。迪拜音乐喷泉（The Dubai Music Fountain）结合了喷泉、

音乐和灯光秀，为游客创造了难忘的体验。很多餐厅也会在顾客用餐时播放特别的音乐，布置与菜肴类型和餐厅定位相适应的灯光，从而创造了多感官的用餐体验。

三级方法．匹配

该三级方法的逻辑是找到两个或更多的起点，可根据需要对其稍做修改，使其相互匹配组合成一个解决方案。该三级方法通常用于增加提供者盈余的目的。在应用该三级方法时，这种匹配也可以发生在概念层面，即两个起点并没有在物理层面组合。其目标不是提高各个单一解决方案的价值，而是提高组合后整体解决方案的价值。其搜索算法包括仔细解构起点，然后确定其中要素（或整个解决方案）是否可以通过一个特定的主题与其他解决方案进行匹配，进而组合生成一个整体解决方案。在一些情况下，主题可由提供者设计并建立。

产品（商业）

该三级方法经常被用于产品设计。例如，服装设计师通常会成套设计服装，还会为情侣们设计情侣装。家具设计中也会经常运用该三级方法，例如家具商会设计生产成套的餐厅家具、客厅家具和卧室家具，这些成套的家具在设计上是相互匹配的。

三级方法．群体复杂性

该三级方法的逻辑是找到两个或更多个相互关联的起点，这些起点服务于同一类型的需求，但往往针对不同类型的客户（使用者）群体。因此，将它们组合成一个解决方案，将会使其受到不同类型客户群体的青睐。该三级方法通常用于满足不同客户需求的目的。该三级方法的目标，不是提高各个单一解决方案的价值，而是让组合生成的最终解决方案能被不同类型的客户接纳、使用。其搜索算法包括仔细解构一组起点，评估不同客户对某些要素（或某些解决方案）的偏好是否存在显著差异，并尝试将它们有意义地组合起来，看能否满足不同客户群（如家庭、朋友、公司中的某个部门等）的需求。

渠道（商业）

该三级方法被应用于渠道管理，通常需要将针对同一类需求的不同解决方案组合在一起。在快餐业，百胜餐饮集团（Yum! Brands）应用了该三级方法，将肯德基、塔可贝尔（Taco Bell）和必胜客的门店集中在同一个区域。这对那些结伴用餐的人特别有吸引力，因为不同的人可能喜欢不同的美食。

演员和乐队成员（艺术）

情景喜剧中的角色通常身份迥异。例如，《生活大爆炸》（*The*

Big Bang Theory）一剧中既有“宅男”天体物理学家，也有（梦想成为女演员的）漂亮的餐厅女招待。《欢乐一家亲》（*Frasier*）电视剧的角色阵容，包括两个哈佛大学毕业的精神科医生兄弟，务实的退休警察父亲和真诚可爱的住家女护士。多样化的演员阵容是为了迎合不同观众的偏好，来提高收视率。

同样，许多男子组合是以披头士乐队（Beatles）为蓝本来组建的：约翰·列侬（John Lennon）聪明，保罗·麦卡特尼（Paul McCartney）可爱，林格·斯塔（Ringo Starr）有趣，而乔治·哈里森（George Harrison）安静。现在几乎所有成功的男子组合中，成员们在外表、智力表现、表达能力等方面都各不相同，以此来吸引不同的粉丝群体。

开放式搜索算法：二级方法 . 互增法

正如本章开头所讨论的，二级方法 . 互增法的开放式搜索算法可沿着三个搜索方向进行。但应该注意的是，尽管在应用该二级方法时，通常会把相互协同的解决方案进行组合，但情况并不总是如此。这一点非常重要，因为勘探家在应用这一方法时没必要加上这一约束条件。

注 释

1. https://www.rei.com/adventures/trips/latin/machu-picchu-volunteer-vacation.html.

2. https://www.space.com/30953-science-cruises-offer-pristine-cosmic-views.html.

3. https://cvshealth.com/newsroom/press-releases/cvs-health-completes-acquisition-of-aetna-marking-the-start-of-transforming-the-consumer-health-experience.

4. https://www.fastcompany.com/40416003/inside-thegrowing-business-trend-of-giving-all-your-profits-away.

第 21 章

二级方法 . 套利法

二级方法 . 套利法（全称知识套利法，也可称作借鉴法）选定两个或多个在某些方面相似的场景，并评估这些场景下可以使用的解决方案，但这些解决方案并不一定适用于这些场景，甚至根本不存在。其目的是选取某些场景中优秀的解决方案，尝试将其中一部分或者全部要素，稍做修改或生成一个全新的解决方案，看能否应用在新的场景中。该二级方法通常用于更好地满足某一场景中的需求，但有时也可能会同时提升多个场景中解决方案的功效。例如，如果同时借鉴两个场景中的初始方案，那么由此产生的新方案可以同时满足两个场景中的需求。由于生活中许多场景是相似的，优秀的解决方案可能已经存在于其他场景中了，因此，可以借鉴这些场景中成功的解决方案，并对其优点进行修改或生成新方案来应用于类似场景。这样做可能会促进整个领域创新目标的提升。

二级方法.套利法借鉴与初始起点场景不同的其他场景下的类似解决方案来帮助解决初始起点的问题。相比之下，无论是二级方法.抵消法，还是二级方法.互增法，都只关注目标场景的需求，而没有过多关注其他类似场景的需求。

开放式搜索算法从某一场景中的起点（或者解决方案不存在的场景）开始，然后可遵循两条搜索路径，即交叉和模仿，来进行搜索。在这里，交叉的定义类似于遗传学和遗传算法中相关概念的定义，即染色体在同源染色体之间交换遗传物质，创造出两个不同于原来染色体的重组染色体。本书中的交叉指的是通过现有成员之间信息的随机交换，从现有的解决方案中随机地创造出新的解决方案。沿着交叉的方向搜索，勘探家必须找出两个或更多针对同一类需求的解决方案，然后通过交换相应的要素，来生成新的解决方案。

大多数通过交叉搜索路径形成的方案都是无用的，甚至是更差的；即使有些方案是有用的，但通常情况下，其中仅有一个方案是真正有价值的。为了便于阐述，在这里我们把交叉搜索路径中的初始方案（起点）称为母方案，而把终点称为子方案。如果所有起点都是已知的，勘探家可以马上从多个解决方案开始搜索；如果并不已知，勘探家则通常可以从第一个母方案（起点）开始，试图找到第二个具有同一类功能的母方案（起点）。这需要勘探家进行系统性思考和搜索。一旦确定了所需的母方案，下一步就是建立完整的序列。例如，两个母方案的要素列表如下：

母方案1：a_1，b_1，d_1。

母方案2：a_2，c_2，d_2。

勘探家可以发现母方案 1 中的要素 a_1 与母方案中的要素 a_2 相似，因此可以把它们放在同一行。勘探家还发现，母方案 1 中的要素 d_1 与母方案中的要素 d_2 相似，因此可以把它们也放在同一行。勘探家也发现母方案 1 中的要素 b_1 在母方案 2 中没有类似的（对应的）要素，因此在母方案 2 中相对应的行留空；同样，c_2 只存在于母方案 2 中，在母方案 1 中没有与之类似的（对应的）要素。一旦要素以这种方式被组织起来，勘探家就可以构建出完整的序列——A B C D。图 21-1 中，大写字母表示要素类别，而小写字母表示相应类别中的具体要素。在构建了完整的序列后，勘探家就可以将同一类别中的不同要素从一个母方案替换到另一个母方案中，从而提出新的解决方案。遵循交叉搜索方向所产生的解决方案的数量巨大，因为可以同时在 1, 2, …, n 个位点（即要素类别）上进行替换。因此，需要一个有效的筛选过程。

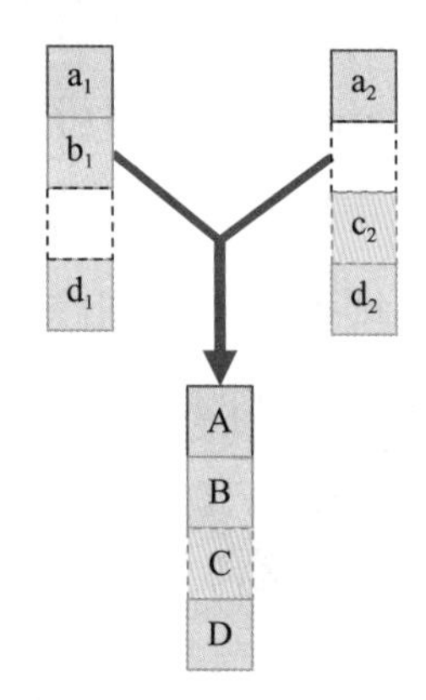

图 21-1 套利法交叉搜索方向

第二条搜索路径是模仿。勘探家可以通过模仿，尝试从其他场景中解决类似问题的解决方案入手，修改该方案以解决目标问题。在这种情况下，目标问题的现有解决方案可能存在，也可能不存在；关键是只有勘探家对目标问题有深刻的理解，才能够找出类似的问题及其中已经存在的出色解决方案。

本章详细讨论了五个三级方法，但要注意的是，这里并未囊括所有可能的三级方法，而且新的三级方法还在不断涌现中。其中有一个方法旨在满足之前从未被满足的（使用者）需求，一个旨在找到替代方案，还有三个方法有可能满足表 21-1 中列出的所有目标。根据特定的搜索方向，还可以将这些三级方法分为两类。第一类中的两个三级方法侧重于将交叉原则应用于多个现有的解决方案：**“全序列”**通过找出初始解决方案中空白缺失的要素类别，并将其他场景下类似解决方案中相应的要素填补进去，形成新的解决方案；**“交换”**只是在两个或多个类似的解决方案之间交换相应的要素。第二类中的三个三级方法侧重于应用模仿原则，即借鉴不同场景中的优秀解决方案，在目标场景中提出一个新的解决方案。可根据所借鉴场景的类型来进行划分：**“仿学术”**模仿（其他）学术领域中（有理论支撑）的解决方案；**“仿生物学”**模仿其他生物体；而**“仿实践”**通过模仿不同行业和文化（包括军事）的实践方案，提出新的解决方案。

表 21-1　二级方法 . 套利法下属的五个三级方法

<table>
<tr><th rowspan="2">目标</th><th colspan="4">特定的搜索方向</th></tr>
<tr><th>交叉</th><th colspan="3">模仿</th></tr>
<tr><td>满足之前从未被满足的（使用者）需求</td><td>全序列</td><td></td><td></td><td></td></tr>
<tr><td>找到替代方案</td><td>交换</td><td></td><td></td><td></td></tr>
<tr><td>提升功效</td><td></td><td rowspan="7">仿学术</td><td rowspan="7">仿生物学</td><td rowspan="7">仿实践</td></tr>
<tr><td>增加提供者盈余</td><td></td></tr>
<tr><td>减少使用者耗费</td><td></td></tr>
<tr><td>降低（不想要的）副作用</td><td></td></tr>
<tr><td>降低易受损的（风险）</td><td></td></tr>
<tr><td>减少局限</td><td></td></tr>
<tr><td>满足不同需求（用户、场景）</td><td></td></tr>
</table>

三级方法 . 全序列

该三级方法的逻辑是遵循交叉搜索路径，找到两个或更多服务于同一类型需求的相关起点。通过对这些起点中的类似要素进行分类，找出包含所有可能要素类别的完整（全）序列，这些要素类别在初始方案中都有出现。勘探家可以尝试在全序列的基础上创造出一个新的解决方案。该三级方法通常用于实现满足之前从未被满足的使用者需求的目的。新方案能实现的功能是单个起点方案所不具备的。有些情况下，该三级方法也用于提升某个特定解决方案的功效。其搜索算法包括仔细解构一组起点，构建含有所有要素类别的序列，然后生成新的解决方案，而这个新的解决方案在全序列每个位点（即要素类别）上都不留空。在每个位点上具体选择哪个要素是一项系统性工程，因为会产生非常多可能的解决方案。

产品（商业）

鸭子船（Duck Tours）在美国靠近港口、河流或湖泊的大城市里是一项很受欢迎的旅游项目。鸭子船既有普通旅游巴士的构造，又带有船的螺旋桨，因而在陆地和水中都能行驶，就像鸭子一样既能在路上走，又能在水里游。与此类似，有些船会装上汽车轮子，这样就可以穿过沙地，直接开到陆地上停靠。上述两个例子都是将汽车和船这两种交通工具结合起来，开发出包含所有可能要素的全序列方案，不过鸭子船主要在陆地上使用，而汽车船主要在水中使用。

为了进一步说明该三级方法的应用，我们以筷子为例。筷子在东亚是被广泛使用的餐具，但不习惯用筷子的人会发现它们非常难用。为了提高筷子的易用性，勘探家可以在类似的场景中寻找相似的解决方案。我们发现筷子属于用来拿放固体物品的手动工具类别。从这个角度来看，很明显，晒衣服用的夹子也属于这一类别。与筷子不同，晒衣夹有三个组成部分：除了两个夹片（对应于两根筷子）之外，它还包含一个弹簧，使它非常容易夹衣物。因此，应用三级方法.全序列法，可以给筷子增加第三个要素，来将两根筷子固定在一起，以方便调整两根筷子的相对位置。最简单的方法是借用晒衣夹上的弹簧，当然也可以考虑使用其他要素（见图21-2）。

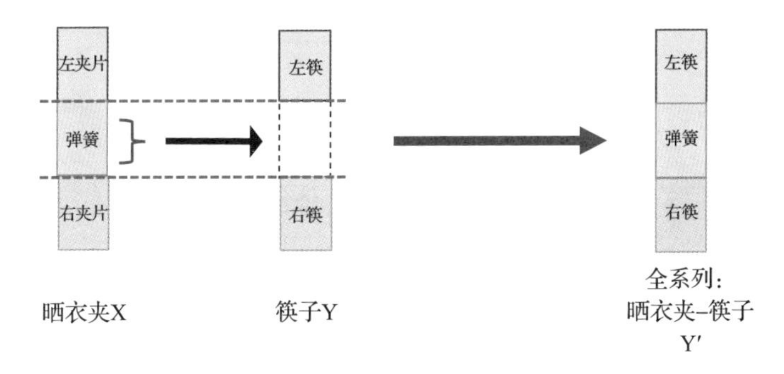

图21-2　三级方法.全序列法示例：晒衣夹–筷子

三级方法.交换

该三级方法的逻辑是遵循交叉搜索路径，找到两个或更多服务于同一类型需求的相关起点，然后在同一位点（即要素类别）上交换要素。通过分析这些起点中的类似要素，找出包含所有可能位

点的全序列。然后，勘探家可以尝试在一个或多个位点上交换不同起点中的要素，来生成新的解决方案。这一方法通常用于寻找替代方案的目的。该三级方法的目标是为起点寻找替代方案以提升其价值。其搜索算法包括仔细解构一组起点以构建全序列，然后通过交换母方案中一个或多个位点上相对应的要素，来生成新的解决方案。例如，如图 21-3 所示，将母方案 Y（$a_2b_2c_2d_2$）中的 b_2 替换成另一个母方案 X 中的相应要素 b_1，来生成一个新方案 $a_2b_1c_2d_2$。

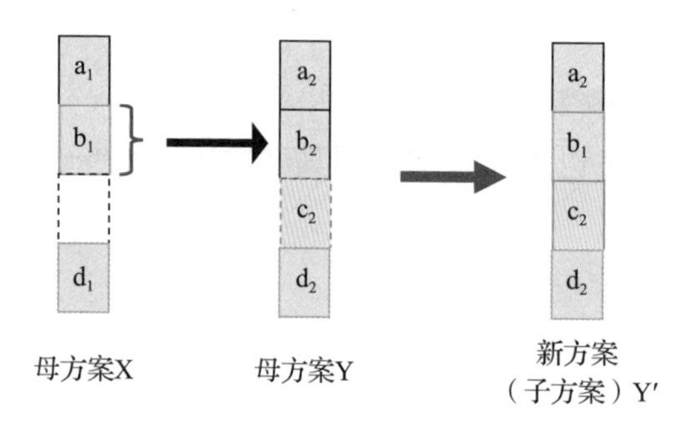

图 21-3 三级方法 . 交换法

产品（商业）

该三级方法经常用于食谱的创新。例如，很多融合餐厅会将某个传统菜系中的要素替换成不同风格菜系中的相应要素。例如，川菜很辣，而且菜肴中通常会用到各种肉类，这是因为四川是一个内陆省份。应用该三级方法，可以使用沿海地区常见的海鲜食材来取代川菜食谱中的猪肉，从而开发出新的菜品。滑板自行车是另一个应用该三级方法的例子。将自行车的车轮替换为滑雪板

（使人能够在固体表面上滑动的同类要素），从而创造出一件可以在滑雪场上使用的休闲新装备[1]。

风格（艺术）

由美国音乐家组成的创新乐团钢琴男孩乐队（The Piano Guys）[2]，用钢琴和大提琴演奏古典、现代和摇滚相结合的曲风。他们的音乐在 YouTube 平台上有超过 10 亿次的播放量，有数百万的粉丝订阅；他们还进行现场表演，发行的专辑也荣登畅销榜。他们成功的一个关键原因是他们音乐视频通常是在国外的自然环境中拍摄的，例如沙漠、悬崖、海滩，甚至中国的长城。他们的创新主要是在观众喜爱的两个类似解决方案中交换要素，即在音乐厅听音乐和出国旅游。他们将传统的音乐厅背景替换成出国旅游时的自然环境。

在另一个与音乐相关的例子中，一名毕业于美国哥伦比亚大学的韩国研究生，成立了一个韩流（K-pop）乐队，作为她毕业论文的主题。除了乐队成员是美国人而不是韩国人以外，这个乐队与一般的韩流乐队并无不同。该乐队在韩国和美国都举行演出[3]，并拥有了自己的粉丝群。

同样，一位中国艺术家在一个熟悉的背景（如历史场景）中，将其中一个要素替换成意想不到的东西（如现代发明），从而创造出了一种独特的艺术风格。例如有幅画作描绘了汉朝（约公元前 200 年）的开朝宰相萧何在月光下骑马追赶离开的将军韩信的场景。这位艺术家巧妙地将马匹替换成了自行车，而这幅作品成了

他的代表画作[4]。

三级方法 . 仿学术

该三级方法的逻辑基于本章前面所定义的模仿的搜索路径。该三级方法通过研究不同学科中的类似情况来搜寻有价值的解决方案。该三级方法可以用来实现表 21-1 中列出的所有目标。其目标是为目标（初始）场景找到一个好的解决方案，起点甚至可能不存在。其搜索算法包括仔细探索与目标场景相类似的学术场景，这需要勘探家对各类学科有深入的了解，并有敏锐的洞察力来识别潜在的类似之处。在这里有个基本前提，即目标场景中的问题可能已经在一个并不直接相关的学科中被研究过了。从这些学科的解决方案中学习并获得洞察，可以帮助勘探家解决目标问题。

定价（商业）

约瑟夫·傅里叶（Joseph Fourier）在 1822 年提出了一个偏微分方程，用于阐述热量在固体介质中的分布如何随着时间而变化。虽然这是一个数学和物理学上的发现，但它后来被美国芝加哥大学的教授费希尔·布莱克（Fischer Black）和迈伦·舒尔斯（Myron Scholes）在 1973 年用于金融市场的期权定价。这就是著名的布莱克 – 舒尔斯（Black-Scholes）定价公式，其在形式上与热传递公式基本相同，两位学者也因此获得了1997年的诺贝尔奖。

新产品扩散（商业）

学者们研究传染病如何扩散的模型，促成了新产品扩散领域中著名的巴斯模型（Bass Model）的诞生[5]。借鉴传染病学相关理论，巴斯模型在新产品扩散的场景中识别出两类人群：未购买者（相当于传染病学中的“易感”人群）和已购买者（相当于“感染”人群）。许多研究行为现象以及社交媒体上信息传播的模型都借鉴了传染病扩散模型。

三级方法．仿生物学

该三级方法的逻辑基于本章前面所定义的模仿的搜索路径，从生物界的类似场景中搜寻有价值的解决方案。该三级方法可以用来实现表21-1列出的所有目标。其目标是为目标（初始）场景找到一个好的解决方案，起点可能不存在。仿生物学（也被称为生物仿生学）这种创新方法已得到充分研究，有大量文献描述这一方法的相关细节信息。其搜索算法包括仔细探索与目标场景相类似的生物场景，这需要勘探家对生物学有深刻的理解，并有敏锐的洞察力来识别潜在的类似之处。在这里有个基本前提，即在数亿年的生物进化过程中，一些难题很可能在其他物种或生态系统中已得到解决。

产品（商业）

很多产品创新都是基于三级方法．仿生物学的。由于该三级方法已被充分研究，我在这里只举一个例子进行说明。发明魔术贴（Velcro）的乔治·德·梅斯特拉（Georges de Mestral）是一名瑞士工程师。当他在树林里散步时，他发现粘在他裤子和狗身上的毛刺非常难去除。经过多年的研究，他用两块布再现了上述情况，一块上有许多小钩子，另一块上有许多小环，于是魔术贴就诞生了。

三级方法．仿实践

该三级方法的逻辑遵循本章前面所定义的模仿的搜索路径，从类似的实践场景（包括军事场景）中搜寻有价值的解决方案。该三级方法可以用来实现表 21-1 列出的所有目标。其目标是为目标（初始）场景找到一个好的解决方案，起点可能不存在。其搜索算法包括仔细探索与目标场景相类似的实践场景，这需要勘探家对各类实践场景有深入的了解，并有敏锐的洞察力来识别潜在的类似之处。从这些实践场景的解决方案中学习并获得洞察，可以帮助勘探家解决目标问题。

军事实践领域成果颇丰，非常有助于激发创新。与绝大多数民用领域不同，军事领域通常会拼尽全力去获得任何可能超过敌人的优势，这是因为在军事上哪怕一个微弱的优势都可能意味着生存和成功。每日优鲜利用成千上万个微型仓库来加快物资配送[㊀]，这个创新在二级方法 . 增强法中的分散低聚物中已讨论过，但也可以归类于模仿军事物流实践上的创新。在战争时期，类似的策略也被用来补给前线士兵和军事行动。军事上通常会在前线战略位置处建立仓库，从而快速为前线提供一切所需物资。这些前线仓库在储存物品的类型和数量方面相互补充。

产品（商业）

在使用固体胶棒（管状固体黏合剂）时，消费者可以通过扭动或推动管子里的固状胶体来使用，以避免手指粘上胶体。第一根固体胶棒 Pritt Stick，是沃尔夫冈・德力西（Wolfgang Dierichs）在 1969 年观察到一位妇女在飞机上涂抹口红后得到灵感而发明出来的。他当时立即意识到两种情况之间的相似性，发明固体胶棒就相当简单了[6]。

美国福特汽车公司提出的流水线概念实际上是受到 19 世纪末芝加哥肉类包装行业类似创新的启发。屠宰场最先开始采用流水线作业来提高效率。需要加工的肉块悬挂在单轨小车上，移动着通过一组位置固定的肉食品包装工人，每个工人都会从路经的肉块上切下所需的部分进行加工。福特汽车公司的工程师率先意识到这一创新的巨大潜力，并于 1913 年打造出世界上第一条装配流水线。这条流水线的“安装”过程与肉类食品的“拆卸”过程是相反的。流水线作业将组装一辆汽车所需的总时间，从 12.5 个劳动小时锐减到 1.5 个劳动小时，从而生产出普通美国家庭买得起的汽车[7]。

㊀　每日优鲜前置仓业务已于 2022 年 7 月停止。——译者注

开放式搜索算法：二级方法 . 套利法

二级方法 . 套利法有两种不同搜索路径，即交叉和模仿，在本章开头都已进行阐述。交叉路径应用起来相当简单，其中的关键在于识别类似场景的能力。一旦找到类似场景的解决方案，建立全序列并进行要素交换就相当容易了。应用交叉路径产生的方案数量可能巨大，所以勘探家必须找出一种有效的方法，来测试并筛选出有价值的方案。

模仿的搜索路径需要大量的前期准备工作。勘探家必须深入研究各个学科，熟悉各个领域的实践，对生物界的各种现象也要有所了解。这是一项艰巨的任务，可能会耗时很长。因此，吸纳具有不同教育背景和经历的人加入创新团队，将更有益于进行这类探索。

注 释

1. https://skibyk.com.

2. https://thepianoguys.com/.

3. https://www.bbc.com/news/world-asia-46381997.

4. http://www.chinanews.com/cul/2014/12-04/6845199.shtml.

5. Bass, F.M.（1969）. A new product growth for model consumer durables. Management Science, 15, 215-27.

6. https://www.prittworld.co.uk/en/about-pritt/pritt-history.html.

7. https://science.jrank.org/pages/558/Assembly-Line-History.html.